AF499002

Unidad Docente de Alcañiz. Noviembre de 2009

Diseño, maquetación y fotografía de portada: A. Sancho Pellicer

I.S.B.N.: 978-84-692-6982-4

Depósito Legal: TE-163-09

Contacto: asanchop@salud.aragon.es

A mi mujer Marta, por creer y confiar siempre en mí.

A mis hijos Beatriz y Javier, por hacerme ser mejor.

"estar preparado es media victoria"

(Miguel de Cervantes)

POSOLOGÍAS

Los autores han realizado un trabajo exhaustivo acerca de indicaciones y posologías de los fármacos utilizados en la emergencia médica, cotejando diversas fuentes bibliográficas. A pesar de ello, recomendamos que se verifiquen con las correspondientes fichas técnicas de cada fármaco para minimizar los posibles errores u omisiones, siendo responsabilidad última del médico encargado del tratamiento las decisiones tomadas.

AGRADECIMIENTOS

Gracias. De verdad y de corazón. Gracias por tener el privilegio de trabajar en la profesión en la que he invertido muchas horas y esfuerzos. Gracias al equipo humano que integra la Unidad Docente de Medicina Familiar y Comunitaria de Alcañiz que me formó como médico; y gracias por haberme confiado la coordinación de esta pequeña obra destinada a la formación de nuevos médicos de familia.

Gracias a José Andrés, que fue el tutor que me descubrió la urgencia y que supo motivarme como nadie; gracias a José Antonio Cortés y a Jorge Fernández, que me *envenenaron* al enseñarme el trabajo en una UVI-Móvil, porque desde ese momento sólo quise trabajar en emergencias extrahospitalarias.

Gracias a Arturo García, médico de refuerzo del Centro de Salud de Alcañiz, quien en los momentos difíciles me cedió horas de su trabajo para poder salir adelante. Gracias y muchas a Yolanda García, enfermera de refuerzo del Centro de Salud de Cañete, con quien compartí muchas horas de guardia; por *soportarme*, por su cercanía y por contagiarme su genio para afrontar cualquier situación.

Por último, gracias a todos los médic@s, enfermer@s y técnicos de transporte sanitario con los que he compartido tantas guardias; horas duras y momentos divertidos a lo largo de estos años. Muchísimas gracias a toda la Base 061-Alcañiz por su esfuerzo, dedicación y apoyo en la realización de este libro. Y en especial a mi compañero y amigo Fermín Suberviola que ha coordinado esta obra conmigo, y porque maneja como nadie la emergencia extrahospitalaria.

Tony Sancho.

AUTORES

ANTONIO SANCHO PELLICER

Licenciado en Medicina y Cirugía. Especialista en Medicina Familiar y Comunitaria. Médico de Emergencias 061 Aragón.

J FERMÍN SUBERVIOLA GONZÁLEZ

Licenciado en Medicina y Cirugía. Especialista en Medicina Familiar y Comunitaria. Médico de Emergencias 061 Aragón. Médico de Emergencias Helicóptero SOS-112 Aragón.

JESÚS ALBA CHUECA

Licenciado en Medicina y Cirugía. Médico de Emergencias 061 Aragón.

BERNARDO AGUILÓ ANENTO

Diplomado Universitario en Enfermería. Enfermero de Emergencias 061 Aragón.

SALAS I ARRACÓ CASTELLAR

Diplomada Universitaria en Enfermería. Enfermera de Emergencias 061 Aragón.

RAFAEL CASTRO SALANOVA

Licenciado en Medicina y Cirugía. Especialista en Medicina Familiar y Comunitaria. Instructor en RCP Pediátrica y Neonatal. Master en Urgencias Médicas. Médico de Emergencias 061 Aragón.

ROSA Mª COSTA MONTAÑÉS

Diplomada Universitaria en Enfermería. Enfermera de Emergencias 061 Aragón.

JOSE ANTONIO CORTÉS RAMAS

Licenciado en Medicina y Cirugía. Especialista en Medicina Familiar y Comunitaria. Máster en Medicina de Urgencias. Médico UVI Móvil del Servicio de Bomberos de Zaragoza.

FERNANDO EIZAGUERRI BRADINERAS

Licenciado en Medicina y Cirugía. Especialista en Medicina Familiar y Comunitaria. Médico de Emergencias 061 Aragón.

ESTÍBALIZ FERNÁNDEZ DE RETANA ROYO

Licenciada en Medicina y Cirugía. Especialista en Medicina Familiar y Comunitaria. Médico de Emergencias 061 Aragón.

YOLANDA LATORRE MARTÍN

Licenciada en Medicina y Cirugía. Especialista en Medicina Familiar y Comunitaria. Médico de Emergencias 061 Aragón.

JESÚS MARTÍNEZ TOFÉ

Diplomado Universitario en Enfermería. Experto Universitario en Urgencias, Emergencias y Cuidados Críticos. Enfermero de Emergencias 061 Aragón.

EDUARDO MIR RAMOS

Diplomado Universitario en Enfermería. Enfermero de Emergencias 061 Aragón.

ISABEL NEGREDO QUINTANA

Licenciada en Medicina y Cirugía. Especialista en Ginecología y Obstetricia. Servicio Ginecología y Obstetricia del Hospital de Alcañiz.

SUSANA SALCEDO DE DIOS

Doctora en Medicina y Cirugía. Especialista en Medicina Familiar y Comunitaria. Máster en Medicina de Urgencias. Médico de Emergencias 061 Aragón.

PATRICIA SORLI LATORRE

Diplomada Universitaria en Enfermería. Enfermera de Emergencias 061 Aragón.

Mª PILAR SUBIRATS DOLZ

Diplomada Universitaria en Enfermería. Enfermera de Emergencias 061 Aragón.

IGNACIO VILLELLAS AGUILAR

Diplomado Universitario en Enfermería. Enfermero de Emergencias 061 Aragón.

EMERGENCIAS EXTRAHOSPITALARIAS PARA MIR DE MEDICINA DE FAMILIA.

Antonio M. Sancho Pellicer

J. Fermín Suberviola González

INDICE DE CAPITULOS.

PRÓLOGO

Uno de los principales motivos para publicar este manual, es el de ofrecer a los profesionales sanitarios que trabajan en el ámbito de la Atención Primaria y a los MIR de Medicina Familiar y Comunitaria un conjunto de pautas y recomendaciones, con el único objetivo de procurar la mejor asistencia posible a los pacientes que precisan este tipo de cuidados.

Espero que sea de gran utilidad en la práctica diaria tanto desde el punto de vista docente como del punto de vista clínico.

Quiero agradecer el trabajo y el apoyo recibido por todos los trabajadores del Servicio 061 Aragón en Alcañiz sin olvidarme del compañero Antonio Sancho Pellicer, sin cuyo entusiasmo y dedicación, no hubiera sido posible esta publicación.

Antonio Abos Zueco

Jefe de Estudios de la Unidad Docente de Medicina Familiar y Comunitaria de Alcañiz. Teruel.

Capítulo 0

INTRODUCCIÓN

A Sancho Pellicer, JF Suberviola González, JA Cortés Ramas

En el año 1996 los primeros Médicos Internos Residentes (MIR) de Medicina Familiar y Comunitaria (MFyC) comenzaron su formación en la Unidad Docente (UD) número 2 de Teruel ubicada en Alcañiz, y que en el año 1999 se constituiría como Unidad Docente independiente. Desde su nacimiento hasta la actualidad, esta UD sólo forma MIR de MFyC.

En el año 2001 se puso en marcha la base del 061 Aragón en Alcañiz para atender las emergencias que se generaran en la Comarca. Al año siguiente se establecería un convenio de colaboración docente para la formación de especialistas en MFyC, con el objetivo de capacitar a los MIR en la atención sanitaria urgente y emergente mediante su rotación por una Unidad Medicalizada de Emergencias (UME).

En el año 2009, y tras la experiencia de siete años en la docencia de los MIR de MFyC, los tutores de la base del 061 Aragón en Alcañiz creemos que es el momento de estructurar y poner por escrito en qué consiste el rotatorio por nuestro Servicio en cuanto a las habilidades que ha de adquirir y desarrollar el residente y las peculiaridades diferenciales de la urgencia y emergencia extrahospitalaria con respecto a la hospitalaria. Todo ello sin olvidar las características inherentes al Área de Salud en la que desarrollamos nuestra actividad asistencial: entorno rural, gran dispersión de la población, cobertura de una amplia zona geográfica con el consiguiente aumento de las isocronas, hospital comarcal de nivel uno que tiene su hospital de referencia de nivel dos y tres a una hora y media de distancia, entre otros aspectos.

Con esta intención nace el presente manual de Emergencias Extrahospitalarias para Residentes de Medicina de Familia. Actualmente el período de formación de los MIR en MFyC se ha ampliado a cuatro años; en los tres primeros el programa de la Especialidad contempla una rotación por los servicios de urgencia hospitalarios, dando la posibilidad de efectuar un rotatorio por los servicios de urgencia extrahospitalaria si ello fuera posible y sin otorgarle una duración determinada. En nuestra UD, este período de rotación tiene una duración de un mes por la UME (incluidas guardias) y de una semana por el Centro Coordinador de Urgencias (CCU) ubicado en Zaragoza.

Cuando el MIR llega a nuestro Servicio, posee una experiencia en urgencias, por lo que consideramos que hemos de completar su formación con los aspectos inherentes a la urgencia extrahospitalaria, marcándonos los siguientes **objetivos**:

- Adquisición de conocimientos teóricos adecuados para la asistencia médica de las urgencias y emergencias extrahospitalarias.
- Adquisición de destrezas en el uso del material de nuestros vehículos.
- Capacitación para el reconocimiento inmediato de situaciones de riesgo vital y su tratamiento.
- Desarrollo de la actividad asistencial en el entorno extrahospitalario: orientación diagnóstica, tratamiento, estabilización y derivación al hospital del nivel correspondiente.
- Conocimiento y aplicación de los protocolos de soporte vital avanzado.
- Conocimiento y aplicación de la atención inicial al trauma grave.
- Aprendizaje del sistema de Triage en las catástrofes.
- Desarrollo de habilidades y técnicas propias de la urgencia extrahospitalaria.

Para ello, contamos con los siguientes **medios**:

- **Rotatorio** por el Servicio 061 Aragón, base de Alcañiz durante un período aproximado de 30 días, incluyendo el módulo de guardias correspondiente. El MIR desarrollará una práctica asistencial tutorizada y supervisada, tomando decisiones e iniciando tratamientos acorde a su nivel de responsabilidad.
- Parte **teórica**, expuesta de la forma más breve, concisa, directa y esquemática posible, reflejada en este libro. Consta de 14 capítulos y 9 anexos que pretenden exponer las patologías más graves e importantes de la emergencia extrahospitalaria. Se le hará entrega al MIR con suficiente antelación como para que asimile los conocimientos expuestos. Durante el rotatorio, los tutores fijarán los conocimientos, resolverán las dudas,

recomendarán bibliografía actual y actualizarán aquellos aspectos terapéuticos que sean necesarios.

- Parte **práctica**, complementaria a la anterior, que consta de una serie de talleres enfocados al desarrollo de habilidades propias de la emergencia extrahospitalaria.

A continuación se expone el desarrollo del rotatorio del MIR

DÍA ROTACIÓN	**CONCEPTOS TEÓRICOS**	**TALLERES PRÁCTICOS**
DÍA 1	Soporte Vital del Adulto Soporte Vital Pediátrico y Neonatal Emergencias Pediátricas	Manejo avanzado de la vía aérea: intubación endotraqueal, mascarilla laríngea, Fastrach y vía aérea quirúrgica.
DÍA 2	Insuficiencia Respiratoria Emergencias Neurológicas	El respirador: ventilación mecánica y ventilación mecánica no invasiva. Supuestos prácticos.
DÍA 3	Síndrome Coronario Agudo Alteraciones del ritmo cardíaco Edema Agudo de Pulmón	El monitor desfibrilador. Práctica de desfibrilación, de cardioversión eléctrica y uso del marcapasos externo transcutáneo.
DÍA 4	Emergencias obstétricas Situaciones especiales	Práctica de accesos venosos periféricos, centrales e intraóseos. El drenaje torácico en emergencias.
DÍA 5	Atención inicial al Trauma Grave Shock Anafiláctico	Prácticas de movilización e inmovilización del paciente traumático. Manejo del material de inmovilización y férulas. Fisiopatología de los accidentes. Extracción del casco en motoristas.
DÍA 6	MEGACODE RCP ADULTO	
DÍA 7	MEGACODE RCP INFANTIL Y NEONATAL	
DÍA 8	MEGACODE TRAUMA GRAVE DEL ADULTO	
DÍA 9	NEONATOLOGÍA Y TRASLADO EN INCUBADORAS FISIOPATOLOGÍA DEL TRANSPORTE SANITARIO	
DÍAS 1 - 30	DESARROLLO DE LA PRÁCTICA ASISTENCIAL EN LA UME	

Capítulo 1.

ORGANIZACIÓN REDES HOSPITALARIA Y EXTRAHOSPITALARIA EN ARAGON.

JF Suberviola González, E Fernández de Retana Royo, J Martínez Tofé, I Villellas Aguilar

ORGANIZACIÓN REDES HOSPITALARIA Y EXTRAHOSPITALARIA EN ARAGON

Conceptos.

- **Urgencia**: cualquier modificación en el estado de salud de una persona que genera una demanda de atención sanitaria urgente; no se considera la relación urgencia-gravedad.
- **Emergencia:** cualquier urgencia sanitaria con peligro vital potencial o real, o con riesgo de pérdida de funciones biológicas importantes; implica una relación directa urgencia-gravedad.

Red de emergencias extrahospitalarias.

La red extrahospitalaria de emergencias en Aragón incluye la acción coordinada de los distintos dispositivos asistenciales:

- Sanitarios:
  - 061 Aragón.
  - Helicópteros 112 SOS-Aragón.
  - Atención Primaria.
  - Atención Especializada.
- No sanitarios:
  - 112 SOS Aragón.
  - Servicios de Bomberos.
  - Policía, Guardia Civil.
  - Protección Civil, etc.

La petición de recursos, sanitarios y no sanitarios, ante una situación de emergencia se realiza a través de los teléfonos 061 y 112.

La llamada atendida por el 061-Aragón es gestionada en el Centro Coordinador de Urgencias con un perfil exclusivamente sanitario; en caso de precisar recursos no sanitarios se informa al Centro de Emergencias 112 SOS-Aragón, que gestiona de forma permanente las comunicaciones e información de emergencias; atiende la demanda y activa los recursos necesarios en cada caso, facilitando la intercomunicación entre los distintos servicios participantes; la llamada de perfil sanitario recibida por 112 SOS-Aragón es transferida a 061-Aragón.

La movilización de los equipos de helitransporte sanitario depende del Centro de Emergencias 112 SOS-Aragón y las indicaciones de movilización se pueden realizar por parte del Centro Coordinador de Urgencias de 061-Aragón.

Recursos disponibles.

- **Vehículos sanitarios disponibles.**
  - *Unidad móvil de emergencias (UME)*: permite realizar soporte vital avanzado, presta su asistencia en situaciones de urgencia y emergencia (primarias). Puede realizar asistencias secundarias según la demanda. Las

forman un médico, un enfermero, un técnico de transporte sanitario y un conductor. Disponible 24 horas al día los 365 días del año.

- *Unidad móvil de vigilancia intensiva (UVI):* permite realizar soporte vital avanzado, presta su asistencia en traslados interhospitalarios (secundarias). Puede realizar asistencias primarias según la demanda. Las forman un médico, un enfermero y un conductor. Disponible 24 horas al día los 365 días del año.
- *Unidad de soporte vital básico (SVB):* permite realizar soporte vital básico y soporte vital avanzado por personal sanitario, ya que se pueden incorporar al vehículo si la situación lo requiere. Prestan su asistencia en situaciones urgentes con posibilidad de traslado al hospital y como apoyo a los equipos sanitarios de las UMEs y de Atención Primaria.
- *Ambulancia convencional (AC):* permite realizar traslado no asistido de pacientes, el equipamiento y el material sanitario son básicos.
- *Helicóptero sanitario:* permite realizar soporte vital avanzado, presta su asistencia de manera similar a las UMEs. El personal está formado por un médico, un enfermero y dos pilotos con formación en transporte sanitario.

- La elección de uno u otro medio de transporte va a estar relacionada con la disponibilidad de los mismos, la distancia a recorrer, las condiciones climáticas, tiempo de traslado, el estado clínico del paciente, el beneficio que éste obtendrá con el medio elegido y hoy en día de forma importante la relación coste beneficio.
- El helitransporte sanitario no se podrá realizar en condiciones meteorológicas adversas (mala visibilidad y viento intenso), en horario nocturno (en la actualidad están operativos de orto a ocaso) y en pacientes contaminados con productos químicos, pesticidas, etc.

Red hospitalaria

La red hospitalaria de Aragón, a 31 de diciembre de 2008, tiene instaladas 5462 camas en un total de 29 centros hospitalarios distribuidos (atendiendo a la finalidad asistencial), de la siguiente forma:

- H. general 16
- H. quirúrgico 1
- H. médico-quirúrgico 1
- Geriatría y/o larga estancia 5
- Psiquiátrico 6

Se considera como Hospital General, aquel destinado a la atención de pacientes afectos de patología variada y que atiende las áreas de medicina, cirugía, obstetricia y ginecología y pediatría. También se considera general cuando, aún faltando o estando escasamente desarrollada alguna de estas áreas, no se concentre la mayor parte de su actividad asistencial en una determinada.

En el caso de que el centro dedique su actividad fundamentalmente a cirugía, obstetricia y/o pediatría, se le considera, respectivamente, como Quirúrgico, Maternal y/o Infantil.

Cuando la asistencia se centre en determinados, procesos patológicos, el hospital tiene la consideración, en función de éstos, de Psiquiátrico, Traumatología y/o Rehabilitación, etc.

Cuando dedique su atención a enfermos de edad avanzada o que precisen estancias prolongadas, se le considera Geriátrico y/o Larga estancia.

- **Clasificación por niveles de hospitales más representativos**:

  - Nivel 1: **Alcañiz**, Barbastro, Calatayud, Jaca.
  - Nivel 2: Obispo Polanco (Teruel), San Jorge (Huesca), Royo Villanova (Zaragoza).
  - Nivel 3: Clínico Universitario y Universitario Miguel Servet, ambos en Zaragoza. Equipos de alta tecnología:
    - Clínico Universitario: TAC, resonancia magnética, gammacámara, sala de hemodinámica, angiografía por sustracción digital, litotricia extracorpórea por ondas de choque, bomba de cobalto, acelerador de partículas, tomografía por emisión de fotones, mamógrafos, equipos de hemodiálisis. El único con servicio de Inmunología.
    - Universitario Miguel Servet: los mismos que el anterior (excepto acelerador de partículas) y densitómetro óseo. El único con servicios de Cirugía Pediátrica y Cirugía Cardiovascular.

- **Centros, Servicios y Unidades de Referencia (CSUR) del Sistema Nacional de Salud.**

El principal objetivo de la Designación de Centros, Servicios y Unidades de Referencia en el Sistema Nacional de Salud es garantizar la equidad en el acceso y una atención de calidad, segura y eficiente a las personas con patologías que, por sus características, precisan de cuidados de elevado nivel de especialización que requieren para su atención concentrar los casos a tratar en un número reducido de centros.

En Aragón la única unidad CSUR es la Unidad de Quemados del Hospital Universitario Miguel Servet. Pacientes que precisen distintos tipos de trasplantes, tratamientos de patologías como glaucoma congénito, queratoprótesis y otras terapias oftalmológicas muy específicas, quimioterapias de tumores germinales y reconstrucción de pabellón auricular, serán remitidos a los centros CSUR designados fuera de Aragón.

- **Hospital de Alcañiz.**

Categoría de Hospital General con disponibilidad de 125 camas, sin incluir las camas de observación del servicio de Urgencias, las de acompañante, las de personal, las de hemodiálisis ambulatoria o exploraciones especiales ni las cunas con recién nacidos sanos. Disponibilidad de TAC y mamógrafo.

Da cobertura al Sector Sanitario de Alcañiz que comprende los Centros de Salud:

ALCAÑIZ	CALACEITE	CASPE	MAS DE LAS MATAS
ALCORISA	CALANDA	HÍJAR	MUNIESA
ANDORRA	CANTAVIEJA	MAELLA	VALDERROBRES

○ **<u>Transporte sanitario terrestre en Sector Sanitario de Alcañiz.</u>**

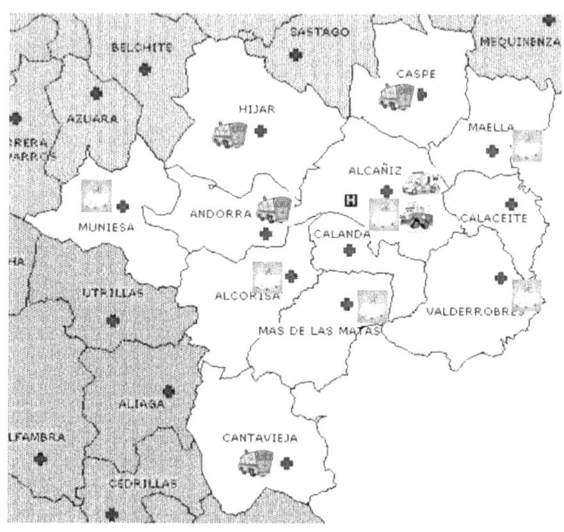

Tipo vehículo		Localización
UME		Alcañiz
UVI		Alcañiz
SVB		Andorra, Caspe, Cantavieja, Híjar
AC		Alcañiz, Alcorisa, Maella, Mas de las Matas, Muniesa, Valderrobres

Helitransporte sanitario para Sector Sanitario de Alcañiz.

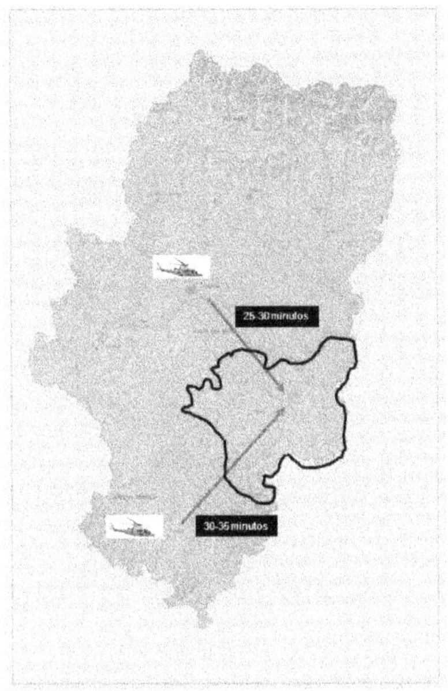

Capítulo 2.

CATÁSTROFES.

JA Cortés Ramas, F Eizaguerri Bradineras, P Subirats Dolz, SI Arracó Castellar.

CATÁSTROFES

Introducción.

Catástrofe se define como aquella situación en que las necesidades de atención sanitaria exceden los recursos disponibles en un lugar concreto y en un momento determinado. Es decir, una "trágica desproporción entre las necesidades y los medios disponibles".

Según Álvarez Leiva, "la **Medicina de Catástrofe** es el conjunto de procedimientos organizativos y asistenciales que permiten desarrollar actividades de atención sanitaria urgente sobre el terreno, en condiciones de precariedad, asegurando el salvamento, el socorro y el transporte de cada víctima según su gravedad". Todo esto en el menor tiempo posible y limitando los procedimientos diagnósticos y terapéuticos a las disponibilidades existentes en el lugar.

Una catástrofe no es sólo un problema sanitario, sino que afecta a muchas **Instituciones** que van a participar en la solución de la misma. Por lo tanto, el *problema organizativo* adquiere una especial dimensión. Se trata de coordinar todas las acciones entre todas las Instituciones implicadas para llegar a la mejor conclusión posible del siniestro.

Las Instituciones participantes son:

- Fuerzas del Orden y Cuerpos de Seguridad: Policía Local, Policía Nacional, Guardia Civil, Policía Judicial y otras.
- Servicios de Rescate, Salvamento y Extinción de Incendios: Cuerpo de Bomberos.
- Protección Civil y otros voluntarios.
- Servicios Sanitarios: Atención Primaria, Transporte sanitario y Ambulancias, Red Hospitalaria pública y privada...
- Otros: Cuerpos de Forenses, Psicólogos...

Todas estas Instituciones tienen sus propios **Planes de Emergencias** y atención a Catástrofes, y cada una desplegará sus recursos (materiales y humanos) siguiendo las directrices de sus propios planes. En ese momento inicial de despliegue, se instaura el *Puesto de Mando Avanzado* (PMA). Es el punto donde se integran y coordinan los Mandos de cada Institución, tomando las decisiones oportunas para aunar los colectivos en un solo objetivo: "salvar el mayor número de víctimas".

La dimensión de las catástrofes es difícil de predecir, por lo que la respuesta a dar nunca será la misma. Existen muchas **variables** que influirán en la respuesta, haciendo que sea diferente entre uno y otro siniestro. Algunas de estas variables son:

- Extensión del suceso.
- Número de afectados.
- Gravedad de los afectados.
- Recursos disponibles actuales (sanitarios y otros).
- Naturaleza del siniestro.
- Riesgos añadidos.

- Tiempo estimado en su resolución.
- Zona geográfica del suceso.
- Etc.

¿Cómo se puede minimizar, en lo posible, la variabilidad en la respuesta? Mediante la elaboración de los Planes de respuesta a estas situaciones, disponiendo de los recursos materiales apropiados y en uso, además de que los recursos humanos sean los adecuados en número, equipamiento, disponibilidad y entrenamiento.

Que el **personal** esté entrenado en estas situaciones es complicado. Además de contar con la experiencia individual de los profesionales, se pueden desarrollar hábitos, habilidades y técnicas para evitar caer en la improvisación a la hora de actuar. Esto se puede conseguir, en parte, mediante la realización de simulacros, prácticas y cursos sobre el tema.

Un objetivo importante en una catástrofe es evitar los efectos diferidos de la misma y que los daños no se magnifiquen. Para ello hay que controlar todos los actos asistenciales y, a su vez, mantener la **seguridad** de los intervinientes y víctimas.

Para ello hay que fomentar conceptos como:

- *PROTECCIÓN:* Proteger de posibles riesgos a una comunidad y a uno mismo.
- *PREVENCIÓN / AUTOPROTECCIÓN:* La prevención es el conjunto de medidas para evitar o disminuir aquellas situaciones de riesgo que pueden derivar de una catástrofe. Este concepto incluye la autoprotección.

Como norma general, prevalecerá la seguridad de los intervinientes a la de la víctima.

Para mantener la seguridad, es fundamental disponer de un buen equipamiento. A nivel individual se denomina **Equipo de Protección Individual** (EPI), e incluye: buen calzado, casco protector, gafas, reflectantes, guantes, arneses y cuerdas (si es preciso)...

Para garantizar una correcta respuesta a una catástrofe, todas las Instituciones participantes deben tener una adecuada **planificación logística**. Se define como el cálculo de las necesidades y el aprovisionamiento de éstas, para que los equipos puedan resolver una situación de crisis.

Esta planificación logística incluye: transporte a la zona de todo tipo de recursos humanos y materiales, abastecimientos, trabajos de emergencia, aprovisionamiento de agua y alimentos, aprovisionamiento energético y combustibles, red de comunicaciones, alojamientos provisionales, etc.

Cadena Médica de Socorro.

Es una estructura de **organización** recogida y aceptada por todas las Instituciones actuantes, con el objetivo de atender y mejorar la supervivencia de los afectados mediante la coordinación y el desarrollo de los Planes Operativos.

En otras palabras, es el despliegue de medios de forma organizada, para garantizar la asistencia sanitaria en el lugar del siniestro, asegurando la continuidad de los cuidados a todos los afectados durante el traslado al centro final de atención útil a cada patología.

El objetivo de los intervinientes es instaurar y asegurar la Cadena Médica de Socorro mientras dure el siniestro. Sus **funciones** son:

- Realizar las actividades de salvamento, rescate, atención médica y transporte de lesionados desde la zona de impacto hasta el lugar de atención definitiva.
- Coordinar el funcionamiento de los distintos eslabones a través del PMA.
- Utilizar adecuadamente los recursos humanos y físicos para garantizar la atención de las víctimas a través del triage.
- Organizar, facilitar y adecuar las comunicaciones entre todos los niveles.
- Iniciar la asistencia social desde la zona de impacto.

Para facilitar el concepto de Cadena de Socorro, se ha concretado en una serie de **eslabones**, a partir de la zona de impacto, en el sentido del flujo de los lesionados y afectados que son transportados hacia los hospitales o alojamientos para atención definitiva.

Se reconocen de esta manera tres eslabones principales:

Eslabón I: Zona de impacto.

Eslabón II: Puesto Sanitario Avanzado (PSA).

Eslabón III: Unidades hospitalarias.

Los elementos que componen los eslabones de la cadena son: puestos de avanzada, puestos de relevo, PSA y unidades de salud. Todos ellos están vinculados entre sí a través de los *servicios de apoyo*: las comunicaciones, el transporte y los suministros.

En esta fase, el control de todo este dispositivo es ejercido por el Puesto de Mando Avanzado *in situ*, en coordinación con la Comisión de Protección Civil correspondiente al nivel de afectación del siniestro (Municipal, Comarcal, Autonómico o Nacional).

Durante el resto del tema desarrollaremos de forma más detallada cómo se instaura la Cadena Médica de Socorro en una catástrofe.

Misiones del Primer Equipo Asistencial en el lugar del siniestro.

- **Estimación de Peligros. Protección y Autoprotección:** Variará en función de la naturaleza del siniestro que ha ocurrido (ver tabla 1).
- **Reconocimiento de daños humanos y materiales:**
    - Primario, visual aproximado a primera vista (subjetivo).
    - Secundario, objetivo del alcance del siniestro.
- **Impedir evacuaciones intempestivas y salvajes**, sin realizar una valoración y una asistencia adecuada a cada una de las víctimas.
- **Asumir, ejecutar y transmitir el Mando Sanitario:** Crear el Puesto de Mando Sanitario y colaborar con los Mandos de otras Instituciones instaurando el Puesto de Mando Avanzado *in situ*.
- **Primera Comunicación con el Centro Coordinador de Urgencias Sanitarias ó con el Centro de Emergencias del 112**, para dar la información del reconocimiento primario y secundario, de las necesidades

previsibles y reales de material, personal, vehículos y presencia de otras instituciones (Policía, Bomberos, Protección Civil...), y de toda aquella información que necesitará el Centro Coordinador para realizar su labor.

- **Sectorización y Balizamiento,** dependiendo del tipo de siniestro, número de victimas, dispersión y extensión de la tragedia, accesibilidad, etc.
- **Apoyo al Salvamento** en el Área de Rescate. Se crearán las *Norias de Rescate* para llevar al paciente al PSA o al lugar donde se realice el triage si no se ha podido realizar previamente (*Nido de heridos*).
- **Inicio del Triage:** Bien en el sitio donde se ha producido el siniestro, o en el lugar donde se han llevado los heridos (Nido de heridos) por parte de los Equipos de Rescate y Salvamento (Cuerpo de Bomberos).
- **Establecimiento del Puesto Sanitario Avanzado** en el Área de Socorro, bien sean estructuras fijas e improvisadas o móviles, con el equipo material y humano necesario para la realización de la asistencia sanitaria y la estabilización y preparación de los pacientes para realizar su traslado al hospital idóneo para su tratamiento.
- **Regular la evacuación,** de forma reglada, en función de la patología del accidentado, su estado hemodinámico y el tratamiento necesario para solventar su problema. Así se decidirá quién se evacua primero, en qué medio se realiza el traslado (con UVI Móvil, Helicóptero, Ambulancia convencional...) y a qué Hospital se traslada.

  Para ello, se organizarán las *Norias de Evacuación* desde el PSA hasta el medio de transporte en que se va a trasladar al paciente.

Tabla 1. Catálogo de riesgos. Siniestros en función de su naturaleza

RIESGOS NATURALES	**Inundaciones**: crecidas, avenidas de corrientes fluviales. Acumulaciones fluviales. **Seísmos** **Riesgos Geológicos** **Avalanchas**: movimientos del terreno, aludes, procesos kársticas. **Riesgos meteorológicos o climáticos** **Nevadas** **Huracanes y ciclones** **Sequía** **Hundimientos**: fallos del terreno, desplome de infraestructuras, etc... **Alteraciones extremas de la temperatura**: olas de calor, olas de frío.
RIESGOS TECNOLÓGICOS	**Derivados del transporte de mercancías peligrosas** **Gasoductos** **Oleoductos**

	Riesgos industriales **Riesgo nuclear** **Residuos tóxicos:** contaminación química, biológica, radiológica; explosiones y deflagraciones
RIESGOS DE ORIGEN HUMANO	**Derivados del transporte de personas**: carretera (tráfico), túneles, puentes...; ferrocarril, aéreo, fluvial. **Incendios**: urbanos, industriales, forestales. **Concentraciones humanas**: deportivas, festivas, religiosas, romerías, grandes locales de concurrencia pública, estaciones y aeropuertos. **Riesgos sanitarios**: contaminación bacteriológica, intoxicaciones alimentarias, epidemias y plagas. **Atentados** **Otros**

** Modificado del Plan de Emergencia Interior de la Empresa Pública de Emergencias Sanitarias de Andalucía. Plan Director Regional*

Mando Sanitario y Puesto de Mando Avanzado (PMA):

Mando *es ejercer la autoridad sobre elementos subordinados de una misma organización. En una catástrofe, cada Institución participante tendrá su Mando propio, estableciendo en su organización su* línea de mando. *A nivel sanitario tendremos al* ***Mando Sanitario****.*

Cada organización tendrá un Mando que mandará en los suyos, y establecerá su Puesto de Mando propio. A nivel sanitario ubicará su **Puesto de Mando Sanitario**.

Entre los Mandos de todas las Instituciones participantes organizarán el **Puesto de Mando Avanzado** (figura 1), que es una estructura eventual que se establece en un lugar próximo a la catástrofe. Éste se constituye para facilitar la coordinación de todas las entidades participantes, en lo que viene a llamarse *"estrella de coordinación".*

Figura 1: Puesto de Mando Avanzado.

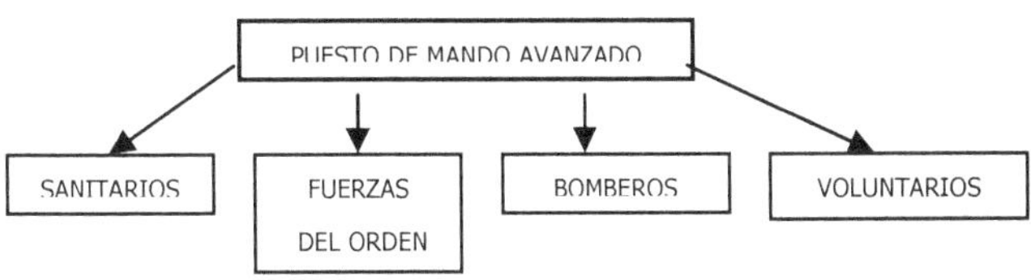

En el PMA la dirección del esfuerzo, la coordinación, es decir, el Mando Global, será ejercido por el Jefe del Servicio más implicado en el problema. Ejemplo: en un accidente de tráfico ejercerá el Mando Global el Mando Sanitario; en un atentado terrorista lo ejercerá el Mando Policial; en un incendio el Mando de Bomberos; etc.

El Mando se establece a través de una cadena de sucesión (jerarquía) que se va abriendo en ***ángulos de autoridad***. Es un reparto de responsabilidades de manera ***colegiada***.

El ángulo de autoridad está representado por el número de personas sobre las que uno manda directamente.

El Mando Sanitario tiene tres ángulos de autoridad: *Triage*, *Asistencia* y *Evacuación* (Figura 2).

Figura 2: Ángulos de autoridad del Mando Sanitario.

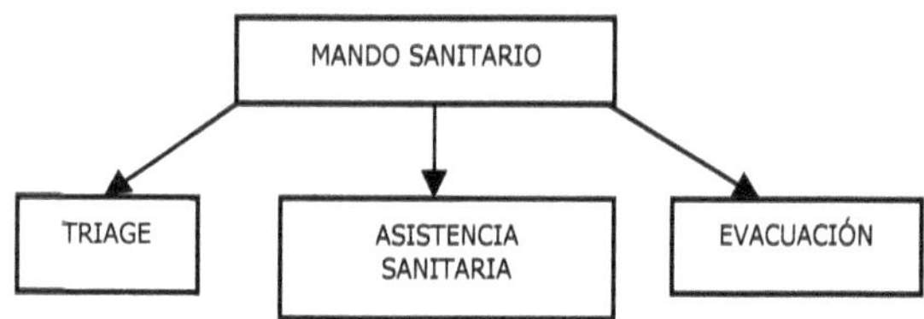

El Mando Sanitario debe ser asumido por el primer médico en personarse en el lugar del siniestro, para posteriormente transferir el Mando al médico más caracterizado en personarse en el sitio (normalmente el médico de una UVI Móvil). Posteriormente, el Centro Coordinador de Urgencias o la Comisión de Protección Civil al mando de la catástrofe ratificarán al Mando Sanitario o lo sustituirá por el más indicado.

El Mando Sanitario debe ir identificado con un chaleco reflectante y con el indicativo de "Jefe Médico" o "Mando Sanitario".

Sectorización y balizamiento:

La ***sectorización*** consiste en el desglose del territorio afectado por el siniestro en función de las posibilidades de acceso de los medios de socorro.

El ***balizamiento*** es la marcación con señales sobre el terreno de la Zona de Catástrofe (cintas, conos, banderas, señalización humana...), que marquen Estructuras (PSA, puntos de embarque, itinerarios, Áreas...).

Se van a definir tres áreas: *Área de Rescate o de Intervención*, *Área de Socorro* y *Área Base*.

- **ÁREA DE RESCATE o DE INTERVENCIÓN:**

Es la zona donde se encuentran las víctimas, el foco del siniestro, y donde se realizan labores de búsqueda, rescate y salvamento.

La autoridad en la zona corresponde a los *Equipos de Rescate del Servicio de Bomberos.*

El balizamiento y la custodia de esta zona recaen en las Fuerzas y Servicios de Seguridad.

Esta es una zona de acceso restringido, y los Sanitarios podrán entrar en esta Área cuando el Jefe de Intervención así lo demande al Mando Sanitario, nombrando entonces al *Jefe de Triage*, que realizará la primera clasificación de las víctimas en el lugar del siniestro.

El primer triage se realizará *in situ* cuando lo permita el Jefe de Intervención de los Equipos de Rescate, pero si las condiciones del siniestro no permiten el acceso a la zona, se organizará un *Nido de Heridos*. Las Unidades de Rescate sacarán a las víctimas a este lugar para realizar ese primer triage en una zona segura.

Figura 3: Sectorización de una catástrofe en Áreas.

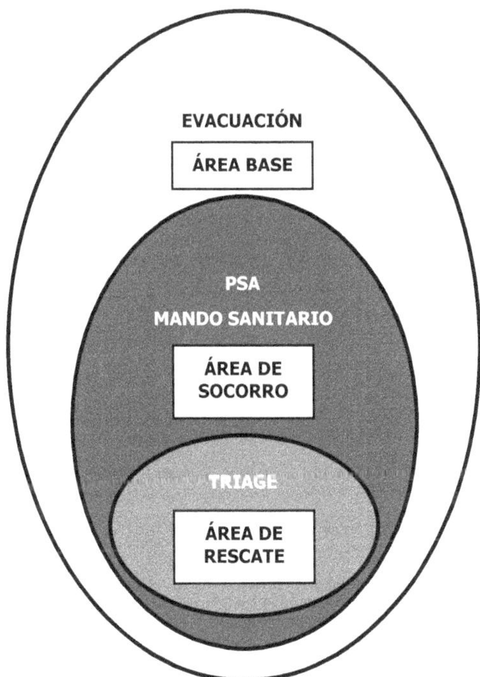

- **ÁREA DE SOCORRO:**

Es la zona cercana al Área de Rescate y con unas condiciones mínimas de seguridad. Allí es donde se ubicarán el *Puesto de Mando Avanzado* y los *Servicios Sanitarios*, con su *Mando* correspondiente, que elegirá la ubicación del *Puesto Sanitario Avanzado* (PSA), lugar donde se realizará la asistencia sanitaria a las víctimas para su estabilización y preparación para el traslado a los centros hospitalarios.

Es un área de acceso restringido, donde se encontrarán los Servicios Sanitarios, los Equipos de Rescate y las Fuerzas del Orden y Seguridad.

El balizamiento del PSA (sobre todo la entrada y la salida) corresponde a los Servicios Sanitarios, pudiendo solicitar colaboración al Jefe de los Equipos de Rescate y la custodia del mismo al Jefe de las Fuerzas de Seguridad.

- **ÁREA BASE:**

Es el espacio limítrofe al Área de Socorro, y donde se instalan: el parking de ambulancias, helisuperficies (improvisadas o no), otros vehículos de soporte logístico (comunicaciones, suministros...) y otros servicios.

NORIAS DE RESCATE:

Es el circuito de heridos desde el Área de Intervención hasta el Área de Socorro.

En siniestros localizados suele ser *una noria de camilleros*. Pero, otras situaciones pueden exigir *norias más complejas*: por ejemplo, la zona de Intervención está muy alejada de un Área de Socorro que cumpla las condiciones de seguridad y accesibilidad, empleándose más medios.

Si el recorrido de la noria es complejo, debe *balizarse*.

CATÁSTROFES COMPLEJAS:

Catástrofes con amplia zona de impacto, gran dispersión de las víctimas, varias zonas de impacto, etc, tendrán una *Sectorización estratégica más compleja*.

Cuando la zona de Impacto es amplia, esta área se divide a su vez en varias **Áreas Funcionales de Trabajo** (AFT). Ver figura 4.

Las *Áreas Funcionales de Trabajo* se definen como la parte más pequeña del lugar de la catástrofe en el que trabaja un equipo sujeto a la autoridad de un mismo responsable.

La presencia de Equipos Sanitarios en dichas Unidades vendrá condicionada por la solicitud del Jefe de las Unidades de Intervención de varios *Equipos Sanitarios de Avanzada o Equipos de Triaje* (numerados como 1, 2, 3, 4...).

Si la amplitud de la zona es muy grande, o hubiese varios focos en una zona, convendría dividir la zona por **Sectores**. Dichos Sectores estarán divididos cada uno en *Áreas de Intervención, de Socorro y Base*. Ver figura 4.

En cada Sector habrá un *Mando Sanitario, un PMA con jefes de todas las Instituciones Intervinientes, un PSA* con su dotación correspondiente...

Estos Sectores vendrán numerados por letras consecutivas del Alfabeto: A, B, C,...

Figura 4: Sectorización de una catástrofe compleja en Áreas Funcionales de Trabajo y Sectores.

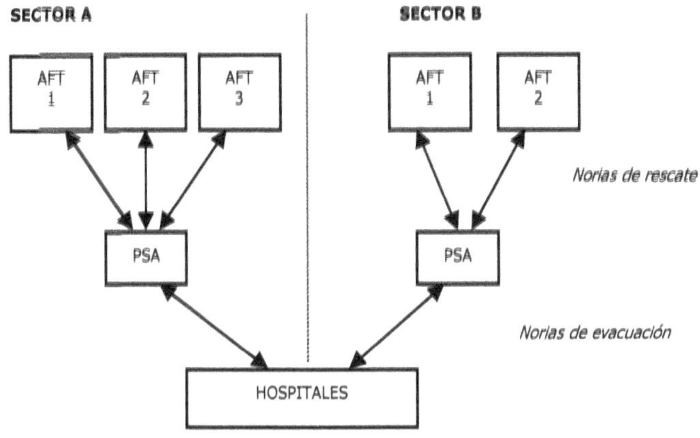

Triage:

Es un vocablo francés, aceptado universalmente, que significa *"selección, elegir, clasificar"*. Fue introducido durante las campañas napoleónicas por el Barón Jean Dominique Larrea en la medicina militar.

Se define ***triage*** *como la* selección y clasificación *de las víctimas en función de la gravedad de sus lesiones y la posibilidad de supervivencia, para determinar la prioridad de tratamiento.*

La clasificación de las víctimas de una catástrofe es un proceso continuo y dinámico*, ya que los pacientes mejoran o empeoran con el paso del tiempo, su pronóstico puede cambiar y su clasificación puede sufrir variaciones.*

Sin embargo, hay dos momentos críticos en los que se debe realizar un triage, que deber ser distinto en cada zona por las circunstancias mismas de la catástrofe. Estos momentos son:

- **Primer triage:** En la zona de impacto. No se tardará más de un minuto por paciente en realizarse. Es un triage estrictamente *vital*. Deber ser eficaz y limitarse a la realización de *maniobras salvadoras rápidas*, como: colocar un Guedel, posición lateral de seguridad, arrastre digital para limpiar boca, inyectar analgesia precargada, vendaje compresivo de una hemorragia, cubrir con manta isotérmica, collarín cervical, cubrir un cadáver, etc. Ver tabla 2.

- **Segundo triage:** A la entrada del PSA. Será un triage más exhaustivo, de tipo *mixto* (vital y lesional), pudiendo realizar técnicas un poco más lentas. A pesar de ello, no se tardará más de tres minutos por víctima en realizarse. Ver tabla 3.

Según las circunstancias de la catástrofe, hay veces que no se podrá realizar el primer triage en la zona de impacto, por lo que los Equipos de Rescate sacarán las víctimas a un lugar seguro (Nido de Heridos), que puede coincidir con la entrada al PSA. La finalidad es concentrar las víctimas para favorecer las labores asistenciales. Allí se realizará ese primer triage, que puede ser de tipo vital o mixto, según se decida en el momento.

Tabla 2: Tabla de triage vital.

Grupo	Color	Gravedad	Prioridad	Criterios
Grupo 1	Rojo	Grave inestable	Absoluta	No deambulante que cumple alguno de los siguientes criterios: Respiración anormal (FR> 30x´, irregular, ruidosa). Alteraciones circulatorias (pulso débil y rápido o lento, piel fría pálida, relleno vascular > 2 seg) o Hemorragia importante o Alteración de la conciencia
Grupo 2	Amarillo	Grave estable	2ª prioridad (esperar < 1 hora para tratamiento)	No está deambulando pero no cumple los criterios del Grupo 1
Grupo 3	Verde	Leve	Diferible (puede esperar > 1 hora hasta tratamiento)	Paciente deambulante
Grupo 4	Gris/Azul	Moribundo	Desahucio o diferida (según medios disponibles)	Moribundo (constantes muy bajas, potencialmente no recuperables)
Grupo 5	Negro	Fallecido	Nula	No respira ni con maniobras de vía aérea

Tabla 3: Tabla de triage mixto.

Grupo	Color	Gravedad	Prioridad	Criterios
Grupo 1	Rojo	Grave inestable	Absoluta	Traumatismos graves con algunos de los siguiente criterios: Inestabilidad respiratoria (ej: insuf. respiratoria), Inestabilidad hemodinámica (ej: Shock), Hemorragia importante, Coma, PCR presenciada reanimable (si no hay medios ni tiempo para RCP clasificar como Grupo 5)
Grupo 2	Amarillo	Grave estable	2ª prioridad (esperar < 1 hora para tratamiento)	Traumatismos graves no incluidos en el grupo 1
Grupo 3	Verde	Leve	Diferible (puede esperar >1 hora hasta tratamiento)	Traumatismos leves
Grupo 4	Gris/Azul	Moribundo	Desahucio o diferida (según medios disponibles)	Moribundo (constantes vitales muy bajas potencialmente no recuperables, lesiones con supervivencia muy baja). Cabeza: Fractura craneal con pérdida de masa encefálica. Tórax: Estallido torácico, rotura de grandes vasos, rotura cardiaca. Abdomen: Estallido abdominal. Gran quemado crítico (> 50%).
Grupo 5	Negro	Fallecido	Nula	Fallecido. PCR no presenciada. PCR presenciada (sino hay medios ni tiempo para RCP).

ALGORITMO MRCC: Método **R**ápido de **C**lasificación en **C**atástrofes.

El Método Rápido de Clasificación en Catástrofes (MRCC) es una variante simplificada del método START. El método valora secuencialmente la Marcha, la Respiración, la Circulación y la Conciencia (MRCC).

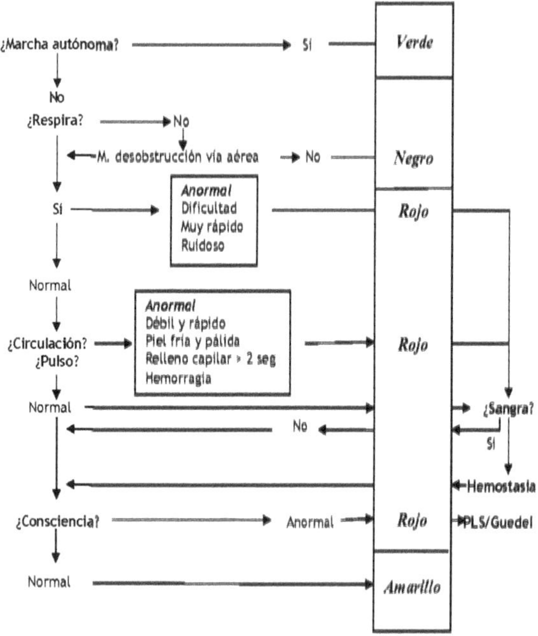

ALGORITMO START:

Método desarrollado en 1984 por un grupo de médicos, enfermeros y bomberos; destinado a la clasificación de heridos en accidentes con múltiples víctimas, por parte de personal no médico.

1º) Deambulantes → **Verde.**

Se desplacen a zona señalizada fuera del área de salvamento. No forzar a deambular.

2º) Triaje del resto de víctimas (no > 60 seg/víctima; seguir orden lógico):

- B) Respiración:
  - Si respira: Frecuencia:
    - < 30/min → Pasar a C.
    - > 30/min → **Rojo.**
  - No respira: Maniobra desobstructiva de vía aérea:
    - Respira → **Rojo.**
    - No respira → **Negro o Gris.**
- C) Circulación:
  - Pulso carotídeo durante 5-10 seg:
    - Débil o irregular o muy lento → **Rojo.**
    - Fuerte → Pasar a N.
    - No pulso → **Negro o Gris.**

  Si hemorragia → Taponar por herido o paciente verde o personal auxiliar.
- N) Estado neurológico: Ordenes sencillas:
  - Obedece → **Amarillo.**
  - No obedece → **Rojo.**

3º) Finalizado el triaje se reinicia hasta que todos los pacientes han sido trasladados a áreas de asistencia.

CLASIFICACIÓN PARA CATÁSTROFES EN TIEMPOS DE PAZ:

Clasificación resumida de Noto-Larcan-Huguenard.

URGENCIAS ABSOLUTAS (UA)

➢ *Extremas urgencias (EU):*

Esta categoría incluye todas las víctimas cuyo estado exige la asistencia inmediata.

- Distrés respiratorios agudos.
- Hemorragias masivas.
- Quemaduras cutáneas (2º y 3ª grado) que afectan > 50% y < 80%.

➢ *Primeras urgencias (U1):*

Necesidad de cuidados previos antes de la evacuación en un plazo menor de 5-6 horas.

- Politraumatismos.

- Grandes deterioros de las extremidades.
- Traumatismos torácicos y abdominales.
- Hemorragias externas importantes.
- Traumatismos craneales con coma profundo.
- Traumatismos del raquis con trastornos neurológicos.
- Quemaduras de 2º y 3º grado comprendidas entre el 15 y el 50%.
- Intoxicaciones por inhalación con signos neurológicos o respiratorios.
- Compresiones de extremidades con shock persistente.
- Hipotermias menores a 32º C.

URGENCIAS RELATIVAS (UR)

➢ *Segundas urgencias (U 2):*

Un tratamiento médico o quirúrgico que puede diferirse más de 6-8 horas, incluso 18 horas o más.

- Fracturas abiertas y cerradas de miembros.
- Heridas de partes blandas no hemorrágicas o escasamente hemorrágicas.
- Traumatismos craneales sin coma.
- Heridas articulares.
- Intoxicaciones sin sintomatología nerviosa ni respiratoria.
- Intoxicaciones con manifestaciones cutáneas.

➢ *Terceras urgencias (U 3):*

El carácter escasamente evolutivo de las lesiones, que pueden retrasar el tratamiento más de 18 horas.

- Heridos ligeros que no figuran en las categorías precedentes.

URGENCIAS "DÉPASSÉES" (UD)

Incluye los muertos y todas las víctimas con lesiones gravísimas que no pueden tratarse de forma inmediata o que poseen escasas posibilidades de sobrevivir.

ETIQUETAJE:

Es uno de los elementos más importantes dentro del proceso de triage. Es la identificación de los lesionados mediante el uso de etiquetas o **tarjetas**. En las cuales se consigna toda la información sobre la categoría o prioridad del lesionado (mediante *colores*), número de identificación del paciente, datos del triage, datos de filiación, lesiones, constantes, medidas terapéuticas aplicadas, horas de aplicación, destino de la víctima y un espacio para observaciones.

El uso de la tarjeta debe iniciarse en la zona de impacto e ir rellenándola de forma sucesiva a medida que el lesionado avanza por los distintos niveles de triage. En el hospital la tarjeta es complementada por la historia clínica habitual. Al finalizar la fase de emergencia son recolectadas con el fin de hacer el *registro colectivo de lesionados*.

Figura 5: Ejemplo de tarjetas de triage.

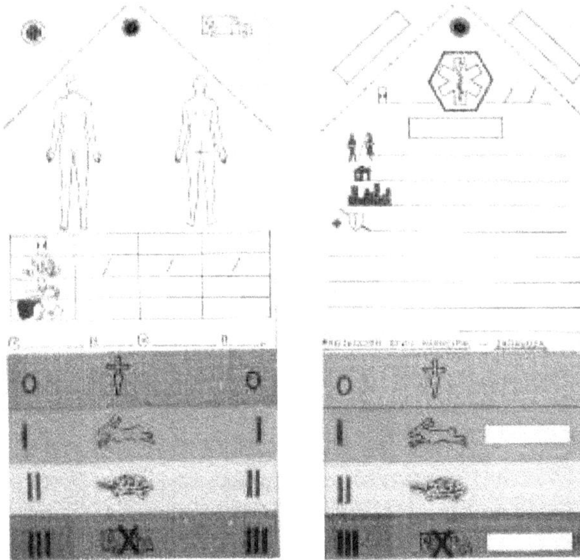

Puesto Sanitario Avanzado (PSA):

El PSA se sitúa en el Área de Socorro y es el lugar donde se realiza la asistencia sanitaria de todos los heridos graves (se separan y priorizan las Urgencias Absolutas sobre las Urgencias Relativas). Allí se reagrupan las víctimas y se concentran todos los medios materiales necesarios para el soporte vital.

El PSA puede ser una estructura portátil (hinchables o no) o bien fija, pudiendo elegir un lugar o espacio cualquiera, cercano al Punto de Impacto, que reúna las condiciones mínimas para su uso como tal.

Es la estructura clave de la Cadena Médica de Socorro. Sus *funciones* son:

- Es el lugar donde se concentra el personal sanitario.
- Es el lugar donde se acumula el material necesario para la asistencia sanitaria.
- Realización del *triage* completo en su entrada, a pesar de haber realizado un triage vital con anterioridad.

- Dar asistencia sanitaria a los pacientes para su *estabilización* y con el objetivo de *prepararlos para la evacuación*.
- Desde allí se procederá a *regular la evacuación*, garantizando la asistencia médica durante el traslado.
- Cumplimentación de las tarjetas de triage y de las hojas de registro de los pacientes atendidos y evacuados.

Para un buen funcionamiento del PSA, éste debe reunir unas *características*:

- Debe ubicarse en un lugar seguro.
- Estar lo más cercano posible al punto de impacto, pero con unas condiciones mínimas de seguridad.
- Cercano al Puesto de Mando Sanitario.
- Se encontrará en un lugar con fácil acceso y buenas comunicaciones, tanto para la entrada de las víctimas, como para su salida a la hora de iniciar su evacuación.
- Debe ser lo más confortable posible.
- Es fundamental establecer una puerta de entrada y otra de salida bien señalizadas, permitiendo la circulación en su interior de los pacientes en un único sentido.
- Para su buen funcionamiento debe abastecerse de forma suficiente de agua corriente, luz, calefacción (si es necesario) y servicios. Y también se facilitará la eliminación de las aguas residuales y basuras generadas.
- Su interior debe estar distribuido en zonas claramente definidas: de triage, de asistencia a las Urgencias Absolutas, de asistencia a las Urgencias Relativas, sala de espera para la evacuación, zona de material sanitario clasificado por colores (para respiratorio, circulatorio, inmovilización y otros).
- En su cercanía, y con buenos accesos, se establecerá la morgue provisional.
- Coordinados con Protección Civil, a las personas que no necesitan asistencia médica, se les conducirá al albergue establecido para su alojamiento.
- Si es preciso, en las inmediaciones del PSA se habilitará una zona para el avituallamiento y descanso del personal interviniente.

En el PSA se ubicará un **Responsable de la Asistencia Sanitaria**. Ésta persona establecerá el número de profesionales necesario para la estabilización y la observación de la evolución de los heridos hasta la realización de su traslado, y repartirá las funciones a todo el personal.

El Responsable del PSA estará en contacto permanente con el Mando Sanitario y con el Responsable del Triage en la Zona de Rescate y el de la Evacuación.

Durante el proceso de asistencia en el PSA, se completarán las tarjetas de triage con las exploraciones y terapéuticas aplicadas al paciente, así como su evolución. Complementariamente a esta labor de etiquetaje, se llevará un registro de los pacientes allí atendidos, donde se recogerán todos los datos de filiación posibles y se controlará el orden de evacuación y el destino final de todas las víctimas.

Evacuación:

El inicio de la evacuación viene determinado por la estabilización de los pacientes (primero estabilizar y después evacuar) y la llegada de los recursos necesarios. En primer lugar, los recursos que llegan con los profesionales sanitarios, deben iniciar la Cadena Médica de Socorro y proceder a su mantenimiento mientras dure el siniestro. Como último eslabón de esta Cadena se encuentra la fase hospitalaria, donde se resolverán los problemas médicos de las víctimas. Para ello hay que realizar el traslado desde el PSA a estos centros útiles en función de la patología del paciente.

El traslado se puede realizar por vía terrestre, por vía aérea y por vía fluvial o marítima. La elección del medio de transporte se regirá por la patología del paciente y por los recursos disponibles en ese momento y su tipo.

Una vez realizada la estabilización de las víctimas en el PSA, se iniciará la evacuación en el momento que haya un recurso disponible. Se encargará de elegir el medio de transporte el **Responsable de la Evacuación**, siguiendo las indicaciones del Responsable de Asistencia Sanitaria del PSA.

El Responsable de la Evacuación tiene las siguientes *funciones*:

- Seguirá las instrucciones del Mando Sanitario y le informará en todo momento del estado de la evacuación.
- Determinará y diferenciará el parking de las ambulancias en el Área Base, según su tipo (UVI Móvil, de Soporte Vital Básico, convencionales urgentes o colectivas), y establecerá los puntos de carga de los pacientes.
- Determinará y diferenciará la zona de aterrizaje de los helicópteros sanitarios en el Área Base, así como los puntos de carga de los pacientes.
- Procederá a identificar las rutas de acceso más adecuadas y las salidas de los vehículos en la zona siniestrada, en colaboración con los Cuerpos de Seguridad.
- El Responsable de la Evacuación estará en contacto continuo con el Centro Coordinador de Urgencias para informar del estado de la misma y para elegir el centro hospitalario útil a cada paciente.
- Se encargará de recoger y comprobar la documentación del paciente para elegir el medio adecuado de transporte y garantizar la continuidad de los cuidados.
- Llevará registro de los pacientes evacuados, del orden en que son trasladados, del medio de transporte elegido, y del destino final de las víctimas.

Para una adecuada recepción hospitalaria, y no colapsar los Servicios de Urgencias, es preciso realizar una correcta utilización de la red hospitalaria existente en la zona, de tal manera que se regirá siempre por el principio de **dispersión hospitalaria**.

Un papel fundamental en la dispersión hospitalaria será ejercido por el Centro Coordinador de Urgencias, que establecerá comunicación con los hospitales para conocer la disponibilidad de camas y las posibilidades de recepción de pacientes.

En cuanto al **orden de evacuación**, los primeros en beneficiarse del traslado son las Extremas Urgencias y las Primeras Urgencias. Si disponemos de transporte aéreo se usará este recurso con las Extremas Urgencias. Por ello, los médicos de los helicópteros sanitarios serán liberados lo antes posible de las tareas de mantenimiento del primer escalón de la Cadena Médica de Socorro, para ser priorizado como vector de evacuación.

A pesar de priorizar el traslado de los pacientes más graves, si los pacientes menos graves están preparados para la evacuación y existen los medios adecuados, se procederá a trasladarlos inmediatamente.

El Mando Sanitario tiene la potestad de **desmultiplicar los recursos humanos** disponibles en el lugar del siniestro para reforzar los puntos de la Cadena Médica de Socorro más necesitados de profesionales.

En los casos en que los siniestros están muy lejanos de los Hospitales de referencia, o no disponemos de muchos medios de transporte, para optimizar el uso de los existentes, se desmultiplicarán los Equipos Sanitarios para configurar un **"Convoy" de ambulancias**, de tal manera que un médico de emergencias puede asumir con personal de enfermería el traslado de varias víctimas graves (2-3) bajo su supervisión, con varios vehículos (una UVI Móvil y varias ambulancias de Soporte Vital Básico).

Hay dos tipos de norias de evacuación:

- *Pequeña noria:* se empleará cuando el hospital útil está cercano o hay muchas víctimas y pocos recursos disponibles.
- *Gran noria:* cuando el paciente va directo al hospital útil independientemente de la distancia al mismo.

El final de la Cadena Médica de Socorro en el lugar del siniestro, viene determinado por la evacuación del último afectado al centro hospitalario útil para su patología, retirándose el último recurso con el último paciente a evacuar. Con el traslado del último paciente finaliza la actuación sanitaria extrahospitalaria, continuándose los cuidados en los hospitales receptores, como tercer eslabón de la Cadena.

Bibliografía.

- C. Álvarez Leiva. Manual de Atención a Múltiples Víctimas y Catástrofes. Edición 2002. Ed Arán. Caps 1 a 14. Págs 19-244.
- M.L. Avellanas Chavala. Medicina Crítica Práctica. Edika Med. Edición 2005. Caps 11 y 14. Págs 191-200 y 251-266.
- L.M. Gómez Serigó, J. Pueyo Val y L.C. Redondo Castán. Ed Formación Alcalá. Edición 2005. Cap 7. Págs 165-184.
- Plan Sectorial Sanitario de Atención Extrahospitalaria en Emergencias Colectivas y Catástrofes del 061 Aragón.
- Plan Municipal de Protección Civil del Ayuntamiento de Zaragoza. Aprobado en 2007.
- Plan Especial de Actuación Sanitaria Extrahospitalaria en Emergencias Colectivas y Catástrofes del Ayuntamiento de Zaragoza. Aprobado en 2008.

Capítulo 3.

SOPORTE VITAL DEL ADULTO

E Fernández de Retana Royo, R Castro Salanova, RMª Costa Montañés, P Sorli Latorre.

SOPORTE VITAL AVANZADO (SVA)

Se define como **parada cardiorespiratoria** (PCR) el cese brusco e inesperado de la actividad mecánica cardíaca, confirmada por pérdida brusca de conciencia, ausencia de respiración o presencia de boqueadas agónicas y ausencia de signos de vida. De no ser revertida esta situación, conduce en pocos minutos a la muerte.

La resucitación o **reanimación cardiopulmonar** son el conjunto de maniobras dirigidas a tratar una PCR.

El **SVA** incluye un conjunto de medidas terapéuticas cuyo objetivo final es la resolución o tratamiento definitivo de la situación de PCR. Se incluyen también los acontecimientos relativos a la postparada. Para que éste sea eficaz, es necesario realizar un tratamiento integrado, mediante un equipo de varias personas que realicen el diagnóstico de PCR y las maniobras de RCP de manera ordenada, secuencial y adecuada. El objetivo será reinstaurar la circulación y respiración espontáneas mediante la RCP básica y una serie de técnicas específicas, como el manejo avanzado de la vía aérea, la desfibrilación, la administración de drogas intravenosas...

ALGORITMO SVA.

Los ritmos cardíacos asociados a una PCR se dividen en dos grupos:

- susceptibles de desfibrilación (fibrilación ventricular/taquicardia ventricular sin pulso (FV/TVSP))
- ritmos que no precisan desfibrilación (asistolia y disociación electromecánica o actividad eléctrica sin pulso (DEM/AESP)).

La diferencia principal en el manejo de estos dos grupos de arritmias es la necesidad de desfibrilación en los pacientes con FV/TVSP. Las acciones que se toman posteriormente, como las compresiones torácicas, el manejo de vía aérea y la ventilación, el acceso venoso, la administración de adrenalina y la identificación y corrección de factores reversibles, son comunes a ambos grupos.

Durante el SVA, debe centrarse la atención en la desfibrilación precoz y en un SVB de alta calidad y sin interrupciones.

ACTUACIÓN DURANTE RCP:

- Secuencia 30:2. 30 compresiones a un ritmo de 100 por minuto y 2 ventilaciones hasta la intubación. Posteriormente 100:10 no sincronizadas.
- Minimizar las interrupciones de las compresiones.
- Revisar la monitorización.
- Ventilar con oxígeno al 100%.
- Canalizar una vía venosa, preferentemente periférica.
- Realizar IOT (no más de 30 segundos por intento), u otra técnica alternativa.
- Administrar 1 mg de adrenalina cada 3-5 minutos
- Detectar y corregir causas reversibles: 4 H 4 T.

4 H	4 T
Hipoxia	Taponamiento Cardíaco
Hipotermia	Tromboembolismo Pulmonar
Hipovolemia	Tóxicos
Hipo/hiperpotasemia	Neumotórax a Tensión

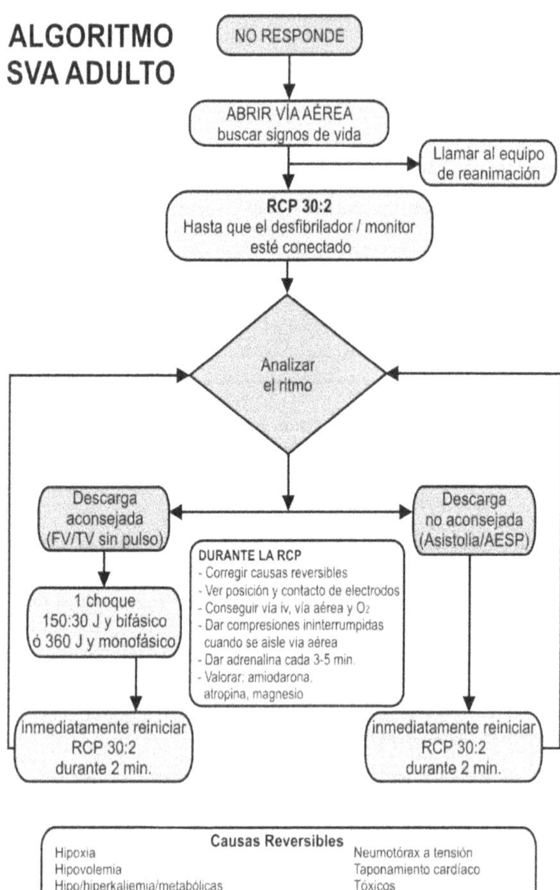

Ritmos desfibrilables	Ritmos NO desfibrilables
Fibrilación Ventricular (FV)	Asistolia
Taquicardia Ventricular sin pulso (TVSP)	Actividad Eléctrica sin pulso (AESP)

- En los ritmos no desfibrilables, se debe administrar la adrenalina lo antes posible y en los desfibrilables, la primera dosis antes del tercer choque. Si se usa una vena periférica, inmediatamente después de cada administración se debe inyectar 20 cc de SSF y elevar el miembro unos segundos.
- En ritmos desfibrilables: la energía de los choques será monofásica siempre con 360 J; y bifásica con un primer choque a 150-200 J siendo los siguientes a 150-360 J. Después de un choque, se debe realizar RCP durante 2 minutos antes de valorar el ritmo. Ante una FV de grano fino, actuar como si fuera una asistolia si existe duda.
- Ante una FV o TVSP extrahospitalaria considerar RCP durante 2 minutos antes de la desfibrilación si el tiempo de respuesta por el servicio de emergencias fuera mayor de 4-5 minutos.

Fármacos y acceso intravenoso durante la resucitación.

- La vía intraósea puede ser efectiva en adultos.
- Con la vía intratraqueal se alcanzan dosis en plasma impredecibles por lo que se recomienda multiplicar por 2-3 la dosis IV y diluirla en al menos 10 cc de SSF. Por esta vía puede administrarse adrenalina, lidocaína, naloxona y atropina.

Recuerda: por vía intratraqueal se administra **LANA** (**L**idocaína, **A**drenalina, **N**aloxona y **A**tropina)

- **Amiodarona** 300 mg IV antes del cuarto choque e iniciar perfusión de 900 mg/24 horas. En FV refractaria/recurrente se debe administrar una dosis suplementaria de 150 mg. La **lidocaína** puede ser una alternativa si no se dispone de amiodarona a dosis de 1-1,5 mg/kg. No dar lidocaína si ya se ha puesto amiodarona.
- **Sulfato magnésico** al 50% IV (2 g). En FV refractaria con sospecha de hipomagnesemia (tomadores de diuréticos con pérdida de potasio, alcohólicos y desnutridos).
- **Atropina** en asistolia y DEM con FC < 60 lat/m, una dosis única IV de 3 mg. Se ha de utilizar un marcapasos sólo si se comprueban ondas P aisladas.
- Ante sospecha de PCR secundaria a TEP, considerar terapia trombolítica y prolongar las maniobras al menos 60 90 minutos
- **Cloruro cálcico**: en hiperpotasemia tóxica, hipocalcemias o intoxicación por calcioantagonistas. Se debe administrar 10 ml al 10%. Puede repetirse la dosis si es necesario.
- **Bicarbonato sódico al 8,4% (1M)** a dosis de 1 mEq/kg en las intoxicaciones por tricíclicos, hiperpotasemia tóxica y acidosis metabólica severa (pH< 7,1 y EB <-10). No utilizar de rutina en PCR, recomendándose la administración de la mitad de la dosis calculada. No administrar junto a cloruro cálcico o adrenalina porque precipitan.

CUIDADOS POST-REANIMACIÓN.

Se trata de las medidas que hay que aplicar en el período consecutivo a la recuperación de la circulación espontánea tras efectuar una RCP, que tienen como objetivo conseguir un ritmo cardíaco estable y una función hemodinámica normal, así como la restitución -sin secuelas- de la función cerebral.

En nuestro medio procuraremos cuidados postresucitación inmediatos en el momento de restablecer la circulación espontánea. Consisten en prevenir la recidiva de PCR, en

conseguir un estado hemodinámico normal que permita devolver al paciente a un estado neurológico sin déficit y el traslado a una UCI donde se le procurarán los cuidados definitivos.
Estos cuidados incluyen:

1. Asegurar la **vía aérea** y mantener un adecuado **soporte ventilatorio**:
   - Monitorizando constantes clínicas: frecuencia respiratoria, coloración, auscultación, $SatO_2$ y $EtCO_2$; para evitar situaciones tanto de hipo o hipercapnia como de hipoxia.
   - Si el paciente continúa inconsciente se aislará (si no se ha hecho previamente) la vía aérea con el apoyo farmacológico necesario (sedoanalgesia y relajación) para evitar aumento en la PIC.
   - Si el paciente está consciente, se administrará O_2 suplementario.
   - Es aconsejable la medición del CO_2 espirado. La hipocapnia tras una RCP debida a hiperventilación puede provocar vasoconstricción cerebral e isquemia.
   - Colocar una SNG y evitar la tos con sedación si es necesario.

2. Soporte **circulatorio**: la disfunción o aturdimiento miocárdico postresucitación es frecuente y transitoria (revierte entre las 24-48 h) y se manifiesta en forma de arritmias, hipotensión y disminución del gasto cardíaco.
   - Extraer analítica completa.
   - Monitorización continua de constantes: TA, ECG.
   - Infusión de líquidos, nunca soluciones de dextrosa, e inotropos para mantener PAM adecuada que permita una buena perfusión periférica y un óptimo flujo sanguíneo cerebral. La hipotensión ↓ el flujo cerebral y éste depende de la PAM en situaciones postparada.
   - Si existe insuficiencia ventricular izquierda, usar diuréticos y vasodilatadores para mantener la PAM.
   - Considerar tratamiento específico del SCA si éste fue la causa de PCR.
   - Control ECG del paciente por ser frecuentes las hipopotasemias tras una PCR.

3. Optimizar la recuperación **neurológica.**
   - Monitorizar escala de Glasgow (si no esta sedorelajado), el examen pupilar y otros reflejos de tronco (oculocefálico, corneal, fotomotor, consensuado, nauseoso, tusígeno):

Puntuación de Pittsburgh para valoración del tronco cerebral.		
Reflejos	**Ausente**	**Presente**
Tos o nauseoso	1	2
Palpebral (un lado)	1	2
Corneal (un lado)	1	2
Oculocefálicos u oculogiros	1	2
Fotomotor derecho	1	2
Fotomotor izquierdo	1	2
PPTC: suma de todos los reflejos (mejor 12, peor 6) Puntuación combinada: PPTC+GCS (mejor 28, peor 9)		

   - Mantener PAM > 90 evitando hipotensión.
   - Elevar la cabecera del paciente 30º y evitar soluciones glucosadas.
   - Evitar y controlar convulsiones y/o mioclonías (aparecen en un 5-15%) con benzodiacepinas, fenitoína, propofol o barbitúricos.
   - Tratar la hipertermia con antipiréticos y/o enfriamiento activo (interno – externo). Se recomienda una hipotermia terapéutica moderada (32º-34º), manteniéndola entre 12-24 h, en pacientes que recuperan la circulación espontánea tras una PCR por FV/TV pero permanecen en coma.

4. Trasladar sin demora a una UCI previo contacto telefónico. Durante el traslado se vigilará:
    - La fijación de forma correcta del TET, de las tubuladuras y de las vías periféricas.
    - La monitorización continua, de ECG y $SatO_2$
    - Reevaluar periódicamente los datos de la monitorización continua y establecer un control clínico básico (auscultación pulmonar bilateral, descartar asimetrías, acoplamiento al respirador) y mecánico (atender a las presiones en la vía aérea del respirador).

- European Resuscitation Council. European Resuscitation Council Guidelines for Resuscitation 2005. Resuscitation 2005; 67 (supple): 1-189

- ILCOR 2005 International Costr Conference: Resucitación basada en la evidencia. ILCOR 2005 International CoSTR Conference: Evidence-based Resuscitacion. Med. Intensiva 2006; 29(6): 342-8.

Capítulo 4.

ATENCION INICIAL AL TRAUMA GRAVE (AITG). TRAUMATISMO CRANEOENCEFÁLICO. TRAUMA TORÁCICO Y ABDOMINAL. LESIÓN MEDULO-ESPINAL TRAUMÁTICA. TRAUMATISMO FACIAL, DE PELVIS Y EXTREMIDADES. TRAUMATISMOS EN LA EMBARAZADA. TRAUMA GRAVE PEDIÁTRICO.

J Alba Chueca, JA Cortés Ramas, I Villellas Aguilar, J Martínez Tofé

ATENCION INICIAL AL TRAUMA GRAVE (AITG)

En el proceso de atención inicial al trauma grave (AITG) el tercer eslabón de la cadena de socorro es el tratamiento precoz e "in situ" y posterior transporte asistido del accidentado. Se describe a continuación como llevarlo a cabo, a través de una sucesión ordenada y planificada de medidas, que aseguren la continuidad asistencial y permitan utilizar los recursos efectiva y eficientemente con la finalidad de disminuir la morbimortalidad, que se produce fundamentalmente en la etapa de causas evitables: "hora de oro".

Decálogo o Fases de la Asistencia Prehospitalaria al Trauma Grave:

- Preparación
- Activación
- Aproximación
- Valoración primaria
- Resucitación
- Movilización
- Valoración secundaria
- Estabilización
- Transporte
- Transferencia

Conceptos.

- Policontusionado: presenta múltiples lesiones traumáticas, mínimas, que no suponen riesgo vital.
- Polifracturado: presenta al menos dos lesiones traumáticas graves (fracturas) sin alteración hemodinámica, respiratoria o coma.
- Politraumatizado: es aquel en cuyas lesiones están implicados dos o más órganos o uno o más sistemas incluyendo la esfera psíquica.
- Politraumatismo: coexistencia de dos o más lesiones traumáticas producidas en un mismo accidente y que comportan, aunque solo sea una de ellas, riesgo vital para el accidentado.

Valoración Inicial y Manejo del Paciente Traumatizado Grave

1.- Valoración primaria y Resucitación.

En esta etapa se buscarán situaciones de compromiso vital (PCR presenciada, insuficiencia respiratoria aguda y shock) y a la vez se intentarán resolver en cuanto se detecten. Para ello se seguirá la secuencia ABC, observando los puntos siguientes:

1. No hacer más daño del ya existente
2. Resolver el problema cuando se detecte, es decir, no pasar de un punto de la secuencia al siguiente sin haberlo resuelto.
3. La vida tiene preferencia sobre la función y ésta sobre la estética.
4. Reevaluación continua por ser un proceso dinámico.
5. Esta valoración se realizara donde se encuentre el paciente y antes de movilizarlo, excepto si hay indicación de movilización rápida de emergencia por:

- Existencia de peligro para la vida del paciente o del equipo asistencial.
- Imposibilidad de acceder a otras víctimas que precisen asistencia urgente.
- PCR presenciada y recuperable.
- Falta de espacio o impedimentos para realizar la valoración primaria.

6. El estudio de las características del accidente, del "mecanismo lesional", nos orientará hacia el tipo de trauma cuando éste no sea evidente:
   - Afectación por onda expansiva.
   - Precipitación desde más de 5 metros.
   - Síndrome de aplastamiento.
   - Atropellos en peatones o ciclistas.
   - Accidente en que las víctimas son proyectadas al exterior del vehículo.
   - Siempre que se haya producido a gran velocidad y energía.
   - Cuando se sobrevive en accidente con víctimas mortales.
7. Si en la escena coexisten varios afectados habrá que realizar un triage en función de la gravedad, supervivencia y recursos.

A (Airway) Vía aérea con control de la columna cervical

Buscaremos signos de obstrucción total o parcial de la vía aérea, y procederemos a su apertura con suavidad, recordando que todo paciente traumatizado tiene una lesión cervical hasta que se demuestre lo contrario. Pasos:

1. Procurar que el paciente no gire la cabeza al acercarnos. Inmovilización bimanual cervical en posición neutra. Retirada de casco si procede. Collarín cervical.
2. Paciente consciente: breve anamnesis.
3. Inconsciente se procederá a abrir la de vía aérea (la causa más frecuente de muerte evitable en trauma grave es la obstrucción de la vía aérea por la lengua)
   - Aspirar secreciones con sonda rígida, y retirar cuerpos extraños manualmente o con pinzas de Magill.
   - Maniobras de apertura de vía aérea en paciente traumatizado grave:
     - Tracción mandibular.
     - Elevación mandibular.
     - Cánula orofaríngea
     - Cricotiroidotomía

B (Breathing) Respiración y Ventilación

Tenemos que valorar si respira, cómo respira, cuántas veces respira y si lo que respira es suficiente (adecuado intercambio de gases).

1. Comprobación de la respiración:
   - Si respira se valorará:
     - Frecuencia y profundidad: superficial y taquipneica o profunda y bradipneica.

- Regularidad: pausas de apnea y patrón respiratorio.

- Respiración normal, suministrar inicialmente O_2 15l/min con mascarilla y reservorio.
- Respiración alterada o apnea, ventilar con mascarilla facial, bolsa resucitadora con reservorio y O_2 a la mayor concentración posible, si no se resuelve posterior IOT.

2. Alteraciones de la pared torácica:
   - Inspección: exponer tórax y ver asimetrías, movimientos paradójicos, heridas en la pared torácica, color y temperatura de la piel (cianosis signo tardío), ingurgitación yugular (taponamiento cardiaco o neumotórax a tensión, puede faltar en el paciente hipovolémico).
   - Palpación: desniveles en la pared torácica, puntos dolorosos o crepitación.
   - Percusión: matidez (hemotórax), timpanismo (neumotórax).
   - Diagnóstico y tratamiento de lesiones con riesgo inminente de muerte:
     - Neumotoráx a tensión o hemotórax: toracocentesis.
     - Herida abierta: apósito valvular.
     - Volet costal: IOT.

C (Circulation) Circulación con control de la hemorragia externa

En esta fase verificaremos la presencia de pulso (su ausencia + apnea obliga a RCP), buscaremos y controlaremos puntos sangrantes, y trataremos si existiera el shock hipovolémico (tabla 1). Pasos:

1. Pulsos. Una vez valorada frecuencia (elevada en fases iniciales del shock), ritmo, amplitud y regularidad, correlacionamos la presencia de diferentes pulsos con un mínimo de presión arterial sistólica (TAS):
   - Radial: 80 mm Hg.
   - Femoral: 70 mm Hg .
   - Carotídeo: 60 mm Hg.
2. Perfusión tisular. Los signos precoces que nos indican presencia o no de shock y la respuesta al tratamiento que instauremos son:
   - piel fría, pálida, cianótica o moteada
   - relleno capilar, que en condiciones normales es inferior a 2 segundos, se hace más lento.
3. Hemorragia: Compresión directa del vaso sangrante; si no es efectivo, compresión de la raíz del miembro.
4. Taponamiento cardiaco: pericardiocentesis.
5. Accesos venosos y extracción de sangre para analítica (si no demora la valoración).
   - 1ª elección: periféricos; canalizar dos vías con catéter de grueso calibre (14-16G).
   - 2ª elección: centrales y/o intraóseo
6. Reposición de volumen:
   - Normovolemia y normotensión: S.S. Fisiológico o Ringer Lactato de mantenimiento.
   - Shock Hipovolemico:
     - El objetivo es conseguir TAS 100-110 mm Hg. Cifras más altas favorecen la hemorragia y la hemodilución.
     - Comenzar con cristaloides: S.S. Fisiológico o Ringer Lactato 20 ml/kg rápido (20 min), repetir si necesario otro bolo y si

aún persiste alternar con coloides: hidroxietilalmidón 20 ml/kg/24h.

- Si no hay respuesta: S.S. Hipertónico (7,5%) 1,5-4 ml/kg (250 ml/30 min).
- Si el shock es refractario a volumen y solo después de haberlo repuesto se pueden utilizar aminas vasoactivas: Dopamina 5-40 μg/kg/min, Dobutamina 2-20 μg/kg/min o Norepinefrina 0,5-5 μg/kg/min, asociar a esta última Dopamina a dosis dopaminérgicas (protección renal) 2-5 μg/kg/min(Anexo III)
- Valorar la necesidad de traslado prioritario para intervención quirúrgica.

	CLASE I	**CLASE II**	**CLASE III**	**CLASE IV**
Pérdidas sanguíneas (ml)	Hasta 750	750-1500	1500-2000	>2000
% volemia perdida	Hasta 15%	15-30%	30-40%	>40%
Frecuencia cardíaca	<100	>100	>120	>140
Tensión arterial	Normal	Normal	↓	↓↓
Presión del pulso	Normal ó ↑	↓	↓↓	↓↓
Relleno capilar	< 2"	2 – 2,5"	> 3"	>4"
Frecuencia respiratoria	14-20	20-30	30-40	>35 7 <10
Diuresis (ml/h)	≥ 30	20-30	5-15	Anuria
Nivel de conciencia	Ansiedad leve	Ansiedad	Ansiedad confusión	Confusión letargia
Reposición de volumen (regla 3:1)	Cristaloides	Cristaloides	Cristaloides coloides	Cristaloides coloides

D (Disability) Situación neurológica o discapacidad

La alteración neurológica puede ser debida a hipoxia o a hipovolemia, TCE o intoxicación por drogas o alcohol. Valoraremos:

1. Escala del Coma de Glasgow (ECG). Si es menor de 9 se aislará la vía aérea mediante intubación orotraqueal (IOT).
2. Pupilas: tamaño, simetría y reactividad.
    - Tamaño: diámetro normal entre 2-4 mm. Por debajo o por encima: miosis-midriasis.
    - Simetría: si la diferencia es de 1 mm, es un signo dudoso, 2 o más (anisocoria) es una situación patológica. La anisocoria o midriasis unilateral es signo de hipertensión intracraneal (HIC) grave por compresión del III par craneal.
    - Reactividad: la midriasis bilateral fija es signo de daño cerebral severo por anoxia, isquemia o enclavamiento con compresión bilateral del III par craneal. La reactividad pupilar lenta orienta hacia un compromiso intracraneal.

3. HIC: la manifestación clínica es la Triada de Cushing: HTA, bradicardia y bradipnea. IOT
4. Valoración superficial de la situación motora y sensitiva. Si existe focalidad motora, valorar IOT.

E (Exposure) Exposición controlada de las lesiones

1. Desvestir a la víctima.
2. Examen rápido para objetivar lesiones que no pueda demorarse su tratamiento hasta la valoración 2ª; por ejemplo fracturas, dolor: inmovilización y analgesia adecuada.
3. Control de la hipotermia. La hipotermia es causa de falta de respuesta a las medidas para tratar el shock.

Movilización.

Esta fase consiste en la realización de las acciones destinadas a retirar al paciente del lugar donde se encuentra y llevarlo a un medio más favorable. Para ello se utilizará el equipo instrumental necesario, continuando en todo momento con las maniobras de resucitación iniciadas y con el paciente inmovilizado. Antes de movilizar en el lugar del accidente se deben observar las siguientes reglas:

1. Tienen prioridad las medidas de resucitación sobre la movilización, excepto cuando haya indicación de movilización rápida de emergencia.
2. El paciente deberá estar perfectamente inmovilizado antes de la extracción.
3. Movilizar siempre en bloque, sin permitir ningún movimiento.
4. Elegir el mejor método de movilización adaptándolo a las diferentes circunstancias.
5. Siempre debe ser realizada con el número de asistentes preciso.

Inmovilización.

1. Con la inmovilización se intenta suprimir la movilidad de todo el cuerpo o parte del mismo.
2. El objetivo fundamental de la inmovilización es intentar atenuar los efectos de una posible lesión primaria (la ocasionada en el accidente) y evitar producir lesiones secundarias durante la movilización.
3. En pacientes inconscientes o con lesiones por encima de las clavículas hay que sospechar fracturas de columna cervical y adoptar las medidas pertinentes.
4. Inmovilizar adecuadamente según los diferentes casos: inmovilización manual, collarín cervical, férulas,... y antes comprobar que este totalmente liberado de objetos molestos.
5. Alinear al paciente manteniendo el eje anatómico.
6. Comprobar frecuentemente la zona inmovilizada: pulsos distales, movilidad, sensibilidad, coloración y temperatura.
7. Con una buena técnica de inmovilización además de evitar lesiones secundarias se conseguirá mejorar la movilización, aumentar la comodidad al paciente y disminuir el dolor. Si no es suficiente se deberá complementar con analgesia farmacológica.

2.- Valoración secundaria.

Una vez realizada la valoración primaria y a ser posible con el paciente en el medio adecuado, se iniciará esta segunda valoración semiológica, sin que ello suponga demora. Se realizará en dirección céfalo-caudal, intentando objetivar y tratar lesiones inadvertidas en la 1ª valoración, así como complementar procedimientos diagnósticos y terapéuticos ya iniciados u otros nuevos:

- Historia clínica, anamnesis y estudio del mecanismo lesional.
- **SAMPLE**: **S**íntomas, **A**lergias, **M**edicación, **P**revias enfermedades, **L**a última comida, **E**ventos previos al accidente.
- Tipo de accidente: frontal, lateral, por alcance, peatón, precipitación, etc...
- Monitorización, constantes y pruebas complementarias: ECG, Tensión Arterial, Frecuencias cardíaca y respiratoria, $SatO_2$, $EtCO_2$, Tª, glucemia,...
- Exploración física completa del paciente, con exposición y prevención de la hipotermia.

LOCALIZACIÓN	VALORACIÓN	PROCEDIMIENTOS
Cabeza y cara	**Cuero cabelludo**: scalps, heridas, laceraciones,erosiones, contusiones, hundimientos y fracturas, signo de Batle. **Ojos y órbitas**: Glasgow, pupilas y función motora y sensitiva de los miembros. Ojos de mapache, hemorragias, lesiones penetrantes, lentillas y motilidad ocular. **Oídos**: otorragia, pérdida de LCR (otorrea, signo del halo). **Fosas nasales**: epistaxis, pérdida de LCR (licuorrea). **Boca**: cuerpos extraños, piezas dentarias, lengua, arcada alveolar y heridas. **Maxilares**: deformidad, dolor, crepitación y movilidad.	Aspirar y fijar TET. Mantener oxigenación y ventilación adecuada. Compresión puntos sangrantes y cubrir heridas. Retirar lentillas y lavar con suero los ojos.
Cuello	**Todo trauma por encima de la clavícula es susceptible de presentar una lesión cervical.** Inspección: heridas, hematoma por cinturón de seguridad, desviación traqueal, ingurgitación yugular. Palpación: enfisema subcutáneo (neumotórax, rotura traqueal o esofágica) crepitación, pulsos y apófisis espinosas vértebras	Si tiene collarín cervical puesto se deberá retirar, manteniendo la inmovilización cervical bimanual. Una vez explorado se volverá a colocar.

	cervicales. Auscultación: soplos anormales.	
Tórax	Inspección: heridas, contusiones, simetría, movimientos ventilatorios. Palpación: crepitación, desviación del choque de la punta, fracturas, volet costal. Percusión: matidez, timpanismo, sonido claro pulmonar. Auscultación: ruidos cardiacos y respiratorios.	Tratamiento específico de las diferentes lesiones. Comprobar permeabilidad drenajes.
Abdomen y Pelvis	Inspección: heridas contusas o penetrantes, erosiones y deformidades, lesiones en banda por cinturón de seguridad. Palpación: dolor, consistencia, defensa, distensión, masas, apertura y cierre de pelvis, embarazo. Percusión: matidez y timpanismo. Auscultación: presencia de ruidos intestinales.	No extraer cuerpos extraños penetrantes. Cubrir heridas. Sonda nasogástrica. Ante todo paciente con hipotensión arterial de etiología no clara y examen físico dudoso, hay que sospechar la existencia de patología abdominal y facilitar la consulta con el cirujano lo antes posible.
Periné y Recto	Inspección: hematomas, sangre en meato urinario (rotura ramas pélvicas con desplazamiento) y laceraciones. Tacto rectal: rectorragia, tono esfinteriano, próstata. Examen vaginal: hemorragias y lesiones.	Sondaje vesical (contraindicado si uretrorragia o cualquier otro signo de lesión uretral).

Espalda	Inspección: heridas contusas o penetrantes, erosiones, hematomas, alineación.	Giro lateral del paciente en bloque con tres ayudantes.
	Palpación: columna vertebral y costillas	Colchón de vacío o tablero espinal.
Extremidades	Pulsos periféricos. Deformidades, fracturas, crepitación. Sensibilidad. Movilidad activa-pasiva.	Férulas inmovilización: Pulsos- tracción- pulsos- inmovilizar- pulsos.

3.- Reevaluación continua.

El trauma grave es una patología dinámica y cambiante por lo que las medidas que se hayan podido tomar unos momentos antes, y haber sido eficaces, después pueden no serlo o a la patología inicial se le pueden añadir otras nuevas; por lo tanto hay que estar vigilantes ante estos cambios y adelantarse a ellos por medio de reevaluaciones frecuentes.

Con la categorización del paciente por medio de índices pronósticos, valoraremos la gravedad, pronóstico, supervivencia y el tipo de centro asistencial donde ha de ser trasladado. Escalas:

1. **GCS**: Escala del Coma de Glasgow (tabla 4). Estándar internacional para valoración del estado neurológico del paciente con trauma grave. La puntuación, entre 3 y 15, es inversa a la gravedad. Valora la mejor respuesta verbal, motora y apertura ocular, reduciendo al mínimo la subjetividad de lo observado. La respuesta motora es de máximo valor pronóstico.
2. **CRAMS**: Buena para el medio prehospitalario. Su puntuación es inversa a la gravedad. Se puntúan circulación, respiración, abdomen y tórax, movimientos y sonidos. (Tabla 2)
3. **RTS** o Revised Trauma Score. Valora parámetros fisiológicos y su puntuación es inversa a la gravedad (de 0 a 12). No existe punto de corte para distinguir del trauma grave del leve o moderado (tabla 3).

Tabla 3. REVISED TRAUMA SCORE (RTS)

Puntuación	4	3	2	1	0
Escala Coma de Glasgow	15-13	12-9	8-6	5-4	3
TA Sistólica	>89	89-76	75-50	49-1	0
Frecuencia respiratoria	29-10	>29	6-9	1-5	0

Tabla 2. ESCALA DE CRAMS

Circulación	Abdomen y Tórax
2 Relleno normal, TAS>99	2 No dolorosos
1 Relleno lento, TAS 85-89	1 Dolorosos
0 Relleno ausente, TAS <85	0 Tabla, volet o penetración
Respiración	Movimientos
2 Normal	2 Normales
1 Anormal	1 En respuesta al dolor
0 Ausente	0 No responde o posturas anómalas
Sonidos	
2 Conversación normal	
1 Respuestas confusas o inapropiadas	
0 Sonidos incomprensibles o ausentes	

4.- Estabilización y transporte.

Los objetivos de esta fase son:

- control eficaz de la vía aérea y ventilación
- mantener al paciente hemodinámicamente estable
- vigilancia de las funciones del SNC
- inmovilización efectiva y cómoda
- control de la hipotermia, de heridas y fracturas.

No se debe olvidar el trastorno de estrés postraumático que algunos pacientes sufren, por lo que necesitaran apoyo inicial psicológico.

Antes de iniciar el traslado se deberá comunicar al centro coordinador de urgencias la salida hacia el hospital elegido "centro útil".

Una vez el paciente estabilizado y decidido el tipo de transporte, el equipo se pondrá en contacto con el hospital receptor para organizar el traslado. El médico emisor informará al receptor de lo sucedido: tipo de accidente, medidas adoptadas, tratamientos realizados, estado del o de los pacientes,... a través de una comunicación fluida que facilite dar y aceptar sugerencias terapéuticas, de transporte, etc.

Durante esta fase el paciente deberá continuar monitorizado y reevaluado, sometido a una estrecha vigilancia médica con atención a los posibles cambios producidos por la propia fisiopatología del transporte o por la evolución de su patología previa.

El aparataje se asegurará en sus soportes así como el material que porte el paciente; el paciente se trasladará en la posición que precise según su patología, siempre en el sentido longitudinal de la marcha con la cabeza en la parte anterior, adoptando medidas de confortabilidad y de seguridad, formando un bloque paciente-camilla-ambulancia y evitando desplazamientos y posibles caídas.

Si es preciso realizar alguna actuación de importancia se deberá detener el vehículo asistencial en lugar seguro para llevarla a cabo, ya que en marcha no es posible.

La velocidad no debe de suponer riesgos, será constante y adecuada a la patología del paciente y al estado vial, con estricto cumplimiento de las normas de circulación.

5.- Transferencia.

En esta fase final del Decálogo el equipo receptor hospitalario, previamente alertado, asumirá al paciente que le transfiere el equipo asistencial extrahospitalario.

La transferencia se debe realizar en el área destinada a la recepción de urgencias o si se trata de una emergencia en el área de pacientes críticos. Este proceso debe ser dirigido por el médico extrahospitalario. En todo momento deben de continuar los cuidados asistenciales que seguirá proporcionando el equipo asistencial emisor hasta que se haga cargo el responsable del servicio de urgencias hospitalario.

El intercambio de información debe de ser claro y conciso; ha de ser un proceso dinámico entre ambas partes, relatando verbalmente el suceso así como las actuaciones necesarias para estabilizar y transportar al paciente. Posteriormente se hará entrega de una copia del informe médico clínico-asistencial y de enfermería.

Si no se había hecho antes, ahora será el momento en que el equipo sanitario de la unidad asistencial informe a los familiares del paciente.

Sería necesaria una retroalimentación de información desde el servicio de urgencias hospitalario al extrahospitalario sobre el estado del paciente y su evolución posterior con la finalidad de poner en común protocolos y guías de actuación, estableciendo planes conjuntos de mejora de calidad.

Concluida esta última fase se debe recuperar la operatividad con la mayor celeridad posible, reubicando el aparataje en la ambulancia, reponiendo el material, fármacos utilizados, así como de la limpieza y acondicionamiento del vehículo asistencial para poder atender una nueva demanda asistencial, entrando de nuevo en la fase 1ª del Decálogo de Preparación o Alerta.

El tiempo invertido en realizar la transferencia y recuperar la operatividad es un indicador de calidad de los servicios de urgencia prehospitalarios, por lo que se impone trabajar con un protocolo de transferencia de la UME al hospital consensuado con éste.

Una vez operativos se deberá comunicar la hora al centro coordinador de urgencias, comentando las incidencias si las hubiera.

TRAUMATISMO CRANEO-ENCEFALICO (TCE)

Concepto.

Lesión física o deterioro funcional del cráneo y/o de su contenido hasta 1ª vértebra cervical, causado por un intercambio brusco de energía mecánica o cinética.

Valoración primaria.

Como en todo paciente traumatizado grave se iniciará siguiendo el ABC, detectando y tratando fundamentalmente dos mecanismos fisiopatológicos: hipoxia e hipoperfusión.

D (Disability) Situación neurológica o discapacidad

1. Escala de Glasgow (GCS). Según su puntuación, el TCE se clasifica en:
   - Leve: 14-15
   - Moderado: 9 -13
   - Grave: < 9

Tabla 4. GCS Escala de Coma de Glasgow

PRUEBA	RESPUESTA	PUNTUACIÓN
APERTURA OCULAR	Espontánea	4
	Al estímulo verbal	3
	Al estímulo doloroso	2
	Nula	1
MEJOR RESPUESTA VERBAL	Orientada	5
	Confusa	4
	Inapropiada	3
	Incomprensible	2
	Nula	1
MEJOR RESPUESTA MOTORA	Obedece órdenes	6
	Localiza el dolor	5
	Retira al dolor	4
	Flexión inapropiada	3
	Extensión al dolor	2
	Nula	1
Marcar siempre la mejor respuesta obtenida. Puntuaciones inferiores a 9 traducen situaciones graves que precisan habitualmente de IOT.		

2. Valoración de las pupilas: estado, tamaño, simetría y reactividad a la luz.
3. Valoración del tronco cerebral: reflejos fotomotor, consensuado, nauseoso, corneal, óculo-vestibular y oculo-cefálico.
4. Focalidad neurológica: motor, sensibilidad, pares craneales, reflejos plantares.
5. Signos de hipertensión intracraneal (HIC): cefalea persistente y refractaria a analgésicos, vómitos en escopetazo, pérdida progresiva de conciencia, depresión respiratoria, midriasis, signo de Cushing (hipertensión arterial, bradicardia y bradipnea).
6. Signos de enclavamiento:
    - Transtentorial o central: miosis bilateral, respiración Cheyne-Stokes. Evoluciona a coma profundo con pupilas medias y anisocóricas, taquipnea y respuestas en flexión (decorticación) y posterior extensión (descerebración).
    - Uncal (el más frecuente): anisocoria reactiva inicial que evoluciona a arreactividad de la pupila midriática y reactividad contralateral, respuestas en decorticación y posteriormente en descerebración. En la etapa final hay midriasis bilateral arreactiva, pérdida de reflejo corneal y respuestas bilaterales en extensión con coma profundo.

Valoración Secundaria.

1. Examen físico completo de cabeza a pies, buscando signos de fractura craneal: signo de Battle, ojos mapache, rino/otorragia , rino/otolicuorrea, hundimientos, etc.
2. Lesiones asociadas: maxilofacial, cervical, torácico, extremidades, etc.
3. Monitorización: Fc, TA, Fr, Sat O_2, $EtCO_2$, ECG, glucemia y Tª.
4. Reevaluación continua.

Tratamiento, traslado y derivación.

1. Apertura de vía aérea con control cervical. Colocar collarín cervical. Elevar la cabeza 15º-30º, en ausencia de hipotensión o lesión columna vertebral, optimizando el retorno venoso yugular (evitar apretar demasiado el collarín cervical). Si hipotensión: decúbito supino, posición neutra de la cabeza.
2. Oxigenación y ventilación adecuadas para conseguir una $SatO_2$>95%, mediante aplicación de O_2 suplementario (FiO_2>50%). La hipoventilación provoca ↑PIC, la hiperventilación vasoconstricción cerebral con ↓ perfusión e isquemia.
3. Criterios de intubación inmediata, con control cervical e inducción rápida evitando inestabilidad hemodinámica farmacológica, si:
    - GCS < 9
    - GCS motora < 5
    - Agitación
    - Alteración ventilatoria
    - Alteración hemodinámica
    - Convulsiones
    - Pérdida de reflejos protectores de vía aérea

No hay que tener miedo a la IOT.

Ante la más mínima duda, procederemos a la intubación porque de esta forma, tendremos un mejor control y una mayor protección del cerebro.

Fentanilo

Bolo 0,7 – 3 µg/kg

BPC[1]: 3-12 µg/kg/hora.

Cloruro Mórfico
Bolo 0,05 – 0,15 mg/kg

BPC: 0,1 – 0,4[2] mg/kg/hora.

Midazolam
Inducción: 0,1 – 0,4 mg/kg.

BPC: 0,1 – 0,4 mg/kg/hora

Se preparan 75 mg en 100 SF

	70	80	90	100
0,1	11	12	14	15
0,2	22	25	28	31
0,3	32	37	42	46
0,4	43	49	55	62

Etomidato
Inducción: 0,2 – 0,4 mg/kg

Utilizar en TCE con inestabilidad hemodinámica. No se utiliza en mantenimiento.

Cisatracurio
Bolo: 0,15 – 0,2 mg /kg
Mantenimiento: 0,03 mg/kg cada 20-30 min. BPC: 0,2 mg/kg/hora

Preparación: 40 mg en 100 SF

	70 kg	80	90	100
0,2	32	36	41	45

Vecuronio
Bolo: 0,1 mg/kg. Mantener: 0,03 mg /kg cada 40 min. BPC: 0,8-1,2 µg/kg/min. Se preparan 20 mg en 100 SF

	70	80	90	100
0,8	17	19	22	24
1	21	24	27	30
1,2	25	29	32	36

Rocuronio
Bolo: 0,6 – 0,9 mg/kg Mantener: 0,15 mg/kg cada 20-30 min. BPC: 8 - 12 µg/kg/min

Se preparan 100 mg en 100 SF

	70	80	90	100
8	34	38	43	48
10	42	48	54	60
12	50	58	65	72

En pacientes con TCE grave sin signos ni sospecha de HIC se puede utilizar también suxametonio (amp 100 mg= 2 ml) como relajante muscular

[1] *BPC: Bomba de Perfusión Continua*

[2] *La dosis recomendada en dolor postoperatorio es de 0,01-0,04 mg/kg/h, pudiendo administrar dosis de 0,025-2 mg/kg/h en dolor severo. En este caso nos mantendremos en el rango 0,1-0,4 mg/kg/h*

- El mantenimiento de la analgesia-sedación-relajación se realizará preferentemente en perfusión continua.
- Técnicas en la IOT:
  - Fastrach: primera elección ante la sospecha de lesión cervical, sin necesidad de empleo de relajante para la inserción del tubo. Tiene la ventaja de realizarse sin movilizar el cuello, provocando menos aumento de la PIC.
  - Laringoscopia. Si se apreciaran signos de HIC puede utilizarse **lidocaína**: 1 mg/Kg IV como premedicación a la inducción (evita el aumento de PIC).

4. Criterios de intubación previos a un traslado:
   - Deterioro neurológico progresivo (aunque GCS > 8)
   - Traslados interhospitalarios con GCS menor de 12.
   - Focalidad neurológica.
   - Sangrado importante de cavidad oral.
   - Fractura bilateral de mandíbula.
   - Inestabilidad hemodinámica en evolución.

5. Ventilación mecánica: Actuar sobre la hipoxia, hipercapnia o hipocapnia por hipo o hiperventilación. El objetivo es conseguir normoventilación, Sat O_2>95% y $EtCO_2$ 35-40. Evitar PEEP en lo posible.
   Parámetros iniciales del respirador:
   - Modo: IPPV
   - Vt: 8 ml/kg
   - FiO_2 la menor necesaria; en principio 1, luego ir bajando y compensando.
   - I:E = 1:2
   - PEEP: 5-10 (si necesaria)
   - P. Limite: 40

   Hay que tener en cuenta que al ser el TCE una patología dinámica que evoluciona y cambia en pocos minutos nos obligara a ir modificando y compensando estos parámetros iniciales.

   Procurar la adaptación del paciente al respirador para evitar aumentos de la PIC con correcta analgesia-sedación-relajación y posición de transporte adecuada.

6. Objetivo: normotensión y normovolemia.
   - TAM=90-100 mmHg. Para conseguir PIC y presión de perfusión cerebral óptimas.

     TAM = { TAS + (2xTAD) } / 3

   - Normovolemia: de elección el SSF.
   - Si hubiere *shock hipovolémico* por otras causas, iniciaremos su tratamiento:
     - Comenzar con **SSF** 20 ml/kg en 20 min; repetir si fuera necesario otro bolo y si aún persiste alternar con coloides: **hidroxietilalmidón**, bolo de 20 ml/kg/día.
     - Si no hay respuesta utilizar **Salino Hipertónico** (SSH) 7,5% a razón de 1,5-4 ml/kg (250 ml/30 min). Continuar con SSF.
     - Si el shock es refractario a volumen (TAM < 80 mm Hg) utilizar aminas vasoactivas:
       - **Noradrenalina**: 0,05-0,5 μg/kg/min (Ver anexo III).
       - Asociar **dopamina** a dosis dopaminérgicas (2-5 μg/kg/min) (Ver anexo III).

7. Tratamiento específico del TCE:
   - Si aparece HIC:
     - TAM < 100 mm Hg o hipovolemia: **SSH 7'5%** a dosis de 1'5-4 ml/kg en 30 min.
     - TAM > 100 mm Hg: **manitol 20%** a dosis de 0'5-1g/kg en 30 min.
     - Signos enclavamiento: además de SSH 7,5% o manitol, según TAM, se puede hiperventilar moderadamente ($EtCO_2$ 30 mm Hg) hasta desaparición de signos, aumentando la frecuencia respiratoria.
     - Si refractario: **thiopental** (amp 500mg=20 ml) a dosis de 3-5 mg/Kg en bolo, y mantenimiento a razón de 2-4 mg/kg/h.
   - Si emergencia hipertensiva (TAS > 200 mm Hg y/o TAD > 130 mm Hg) no atribuible a una deficiente sedoanalgesia o a HIC, administrar **urapidilo** (amp 50 mg= 10 ml) a dosis de 25 mg en 20 segundos; si persiste a los 5 min repetir y si es necesario, tercer bolo de 50 mg a los 5 min. Perfusión de 2-6 mg/min hasta control de la tensión arterial.
   - Crisis convulsiva:
     - Primer escalón: **diacepam** (amp 10 mg= 2 ml) a dosis en bolo de 10 – 20 mg. Puede repetirse hasta 2 veces más. Perfusión continua 8 mg/ hora.
     - Segundo escalón: **thiopental** a dosis de 3-5 mg/Kg, y mantener con 2-4 mg/Kg/hora. Si no es suficiente y la situación lo permite, se puede llegar al "coma barbitúrico" con perfusión de 4-10 mg/kg/h.
   - Mantener normotermia y normoglucemia.

8. Derivación urgente a centro neuroquirúrgico de forma prioritaria si:
     - Focalidad neurológica
     - HIC
     - GCS<9
     - Progresivo deterioro neurológico
     - Fracturas con hundimiento, abiertas y de base de cráneo

9. Posición de traslado.
   - TCE y lesión medular (LMET): decúbito supino con elevación del eje cráneo-cérvico-dorsal a 15-30º en el mismo plano que el resto del cuerpo (anti-Trendelemburg). Previene el edema cerebral.
   - Si no hay LMET: decúbito supino con elevación del eje cráneo-cérvico-dorsal 15-30º
   - Si hipotensión: decúbito supino

TRAUMATISMO TORÁCICO (TT)

Concepto.

Toda lesión de la caja torácica y/o de su contenido. Pueden ser cerrados o abiertos y estos penetrantes (alcanzan cavidad pleural) o no penetrantes.

La consecuencia fisiopatológica más relevante es la hipoxia, debida a hipovolemia, alteración de la ventilación/perfusión o desequilibrios en las presiones intratorácicas.

Manejo, Diagnóstico y Tratamiento.

Los traumatismos severos pueden cursar con escasos signos externos, por lo que el diagnóstico, que es fundamentalmente clínico, requiere un alto índice de sospecha. La responsabilidad del tratamiento recae en el médico que atiende en primera instancia al paciente.

En primer lugar se realizará la valoración inicial siguiendo el ABC como en todo paciente politraumatizado grave (ver Atención Inicial al Trauma Grave) sin olvidar la analgesia ya que ayuda a respirar y minimiza las complicaciones.

De forma práctica, en cuanto al manejo del TT, se pueden clasificar las lesiones según la gravedad que comporten en:

Lesiones con elevado riesgo vital.

Se deben diagnosticar y tratar durante la evaluación y resucitación inicial.

1. NEUMOTÓRAX A TENSIÓN. La existencia de un mecanismo valvular produce acúmulo progresivo de aire en la cavidad pleural durante la inspiración e imposibilita su salida durante la espiración. Esto da lugar a un colapso del pulmón del lado afectado y a un desplazamiento mediastínico hacia el lado contralateral con compresión del pulmón opuesto. A ello se le puede sumar una compresión de la vena cava y el consiguiente descenso del gasto cardiaco, lo que agrava aún más el cuadro (síndrome asfíctico rápidamente progresivo y colapso hemodinámico).
   - Diagnóstico: CLINICO. Ansiedad, dolor, dificultad respiratoria, ingurgitación yugular, cianosis; desplazamiento traqueal y del choque de la punta cardiaca; timpanismo en hemitórax afectado; ausencia de ruidos respiratorios en hemitórax afectado. Diagnóstico diferencial con taponamiento cardiaco (Triada de Beck).
   - Tratamiento: DESCOMPRESION INMEDIATA mediante toracocentesis, primero diagnóstica con aguja 25 G, y después terapéutica con angiocatéter 14 G, pleurecat o tubo torácico en segundo espacio intercostal línea medioclavicular, por encima del borde superior de la 3ª costilla. Tratamiento definitivo: tubo en quinto espacio, línea medioaxilar a la altura de la areola o surco submamario en mujeres.

2. NEUMOTÓRAX ABIERTO O ASPIRATIVO. Aparece cuando una lesión torácica supera los 2/3 del diámetro traqueal y el aire entra al espacio pleural, lo que produce colapso pulmonar.
   - Diagnóstico: CLÍNICO. Presencia de herida en tórax, traumatopnea (ruido soplante en cada respiración) y dificultad respiratoria.
   - Tratamiento inmediato: sellar la herida con una hoja de plástico pegada por tres lados o parche de Asherman. Se transforma en neumotórax simple. Tubo en quinto espacio intercostal línea medioaxilar.

3. HEMOTÓRAX MASIVO. Cuando la sangre en la cavidad pleural supera los 20ml/kg o el 25% de la volemia. Se produce compresión del pulmón del mismo lado y desplazamiento mediastínico; a ello hay que sumarle hipovolemia.
   - Diagnóstico: CLÍNICO, como en neumotórax a tensión salvo matidez.
   - Tratamiento: Tubo del mayor diámetro posible en 5º espacio intercostal línea medio-axilar. Conectar a sistema de aspiración a 20 cm H_2O. Si el volumen de drenaje es alto (>400 ml en la 1ª hora) clampar el tubo. Reposición de la volemia.

4. VOLET COSTAL O TÓRAX INESTABLE. Ocurre cuando un segmento de la pared torácica pierde la continuidad con el resto de la pared como consecuencia de múltiples fracturas costales. Así en inspiración la presión negativa intrapleural lo atrae hacía el interior del tórax mientras que el resto de la pared torácica se expande, sucediendo lo contrario en la espiración (movimiento paradójico), causando hipoxia junto con la hipoventilación desencadenada por el dolor y sobre todo a la contusión pulmonar siempre presente.
   - Diagnóstico: CLÍNICO. Movimientos paradójicos visibles y palpables.
   - Tratamiento: Inmovilización del segmento inestable. IOT con PEEP, si afectación grave. Vigilar aporte de líquidos (gran sensibilidad a la hiper o hipohidratación) y analgesia.

5. TAPONAMIENTO CARDIACO. Se produce cuando se acumula sangre en pericardio y se altera la función de bomba.
   - Diagnóstico: CLÍNICO. Herida en tórax. Signo de Kussmaull, pulso paradójico, DEM. El electro muestra bajo voltaje y alteraciones inespecíficas de la repolarización. Triada de BECK:
     - Ingurgitación yugular (sólo 1/3 de los casos)
     - Hipotensión.
     - Apagamiento de los ruidos cardiacos.
   - Tratamiento inmediato: pericardiocentesis en ángulo costoxifoídeo izquierdo, aguja dirigida hacia la punta de la escápula izquierda a 30º. La extracción de 15 o 20 ml de sangre incoagulable mejora la situación.

6. CONTUSIÓN PULMONAR GRAVE BILATERAL. La hemorragia intraparenquimatosa altera la relación ventilación/perfusión y además hay una disminución en la producción de surfactante. Todo ello puede dar lugar a un síndrome de distrés respiratorio.
   - Diagnóstico por la clínica: dificultad respiratoria progresiva, dolor pleurítico y hemoptisis inconstante.
   - Tratamiento: O_2 y restricción de líquidos. IOT si la saturación de O_2 es baja o patología pulmonar previa, fallo renal o traslado.

Lesiones con potencial riesgo vital.

1. CONTUSIÓN PULMONAR SIMPLE. Tratamiento sintomático.
2. LESIONES TRAQUEOBRONQUIALES.
   - Diagnóstico: clínica de neumotórax, neumomediastino o enfisema subcutáneo.
   - Tratamiento: O_2, descompresión e IOT si fuese necesario.
3. HERNIA DIAFRAGMÁTICA. Por rotura del diafragma, generalmente en el lado izquierdo.
   - Diagnóstico: la clínica es muy variable, desde asintomática a insuficiencia respiratoria aguda grave, generalmente hay signos como en neumo/hemotórax, a veces pueden auscultarse ruidos hidroaéreos en tórax.
   - Tratamiento: medidas de soporte.
4. CONTUSIÓN MIOCÁRDICA. Descartarla ante traumas en el área medio-esternal.
   - Diagnóstico: por la clínica difícil, ECG (TSV, extrasístoles ventriculares, BRD, alteraciones de ST y T), más tarde enzimas cardiacas.
   - Tratamiento: medidas de soporte.
5. ROTURA ESOFÁGICA.
   - Diagnóstico: clínica insidiosa, a veces triada de Mackler (dolor retroesternal, súbito e intenso, vómitos y enfisema cervical o mediastínico).
   - Tratamiento: medidas de soporte.
6. LESIONES AÓRTICAS (menores contenidas por la adventicia, el resto causan la muerte in situ).
   - Diagnóstico: sintomatología variable, dolor interescapular, epigástrico o en hombro izquierdo, diferencia de pulsos y TA en extremidades.
   - Tratamiento: medidas de soporte.

Lesiones con escaso riesgo vital.

1. Neumotórax/hemotórax simples y autolimitados.
2. Fracturas costales, clavícula y escápula:
   - 1ª-3ª costilla orientan hacia trauma torácico severo.
   - 4ª-9ª son las más frecuentes.
   - 10ª-12ª obligan a descartar lesiones hepáticas, esplénicas o renales.
   - Tratamiento: control del dolor.
3. Contusión de la pared torácica: son las lesiones más frecuentes y menos graves.

Posiciones de transporte.

Se utilizan para mejorar el estado del paciente y prevenir complicaciones.

- Insuficiencia respiratoria de origen traumático: decúbito lateral sobre el lado afecto con elevación del tronco a 45º. Inmoviliza el lado lesionado con lo que disminuirá el dolor, además de evitar la acumulación hemática en el lado sano si hay hemorragia. No en LMET.
- Si el paciente no tolera el decúbito lateral: decúbito supino con elevación del tronco 45º. Favorece la movilidad del diafragma y por lo tanto la respiración. Contraindicada en LMET.

TRAUMATISMO ABDOMINAL

Etiología y Clasificación.

Las causas más importantes de traumatismo abdominal (TA) son los accidentes de tráfico, caídas desde grandes alturas y agresiones. Suponen un reto diagnóstico por ser menos evidentes que otros traumatismos.

Los TA se pueden clasificar según se respete o no la integridad del peritoneo, en:

1. Cerrados: frecuentes y difíciles de diagnosticar; los órganos más afectados son: hígado, vesícula, bazo, duodeno, páncreas, riñones, uréteres y vejiga. Sólo son quirúrgicos los pacientes inestables con signos de hemorragia activa que no responden a las medidas de resucitación, y los que tengan signos de irritación peritoneal.
2. Abiertos: generalmente son quirúrgicos.

Diagnóstico.

Un rasgo del TA que lo diferencia del resto de traumatismos es que es menos evidente, el 20% de pacientes pueden estar asintomáticos, por lo que la realización de un diagnóstico precoz es fundamental. Debemos sospecharlo en todo trauma importante por caída o deceleración, lesiones penetrantes de tórax, hematuria, fracturas costales y vertebrales e hipovolemia sin causa evidente.

Los datos de la exploración pueden estar limitados por:

- Drogas depresoras del SNC
- TCE
- LMT
- Lesiones asociadas.

Manejo, Valoración Inicial y Resucitación.

El manejo del TA es el mismo que el de todo traumatizado grave (ABCDE) donde obtendremos datos sobre la posible existencia de shock sin puntos sangrantes aparentes o sobre la necesidad o no de tratamiento quirúrgico inmediato. Al continuar con la evaluación, procederemos así, teniendo en cuenta que los hallazgos no se corresponden muchas veces con las lesiones:

> Es importante que la primera exploración y reevaluaciones siguientes las realice el mismo médico, para una mejor valoración y ver la evolución de los posibles cambios en signos y síntomas.

1. Inspección: buscar distensión, equimosis y abrasiones por cinturón de seguridad, heridas o cuerpos extraños (fijarlos y no extraer).
2. Palpación: superficial y profunda, valorar dolor, masas, megalias, defensa y Blumberg. Se deberán palpar pulsos en extremidades (lesión vascular).
3. Percusión: timpanismo en epigastrio e hipocondrio izquierdo (dilatación gástrica), si es difuso (neumoperitoneo, por rotura de víscera hueca), matidez (líquido libre intraabdominal), percusión dolorosa (peritonismo).

4. Auscultación: ausencia de ruidos hidroaéreos (íleo paralítico) por simple contusión, líquido libre o por fracturas de costillas, vértebras o pelvis.
5. Genitales y periné: sangre en meato, uretrorragia. Hematoma en pubis, escroto o perirrectal. Dolor a la compresión pélvica. Tacto rectal (imprescindible, siempre debe preceder a la colocación de sonda vesical) en el que observaremos: tono esfínter (LMT), sangre (lesión intestino), posición próstata (lesión uretra si elevada).

Particularidades en el trauma abdominal:

1. Accesos venosos en territorio de la vena cava superior.
2. Sonda nasogástrica: para descomprimir el estómago, examinar el contenido gástrico, evitar la broncoaspiración, mejorar la ventilación y facilitar la exploración abdominal. Contraindicada en fracturas maxilo-faciales y de base de cráneo.
3. Sonda vesical: nos permite descomprimir la vejiga y medir la diuresis horaria. Contraindicada en lesiones de uretra.

Lesiones por órganos:

1. Hígado y Bazo: son los más frecuentemente afectados, en más de la mitad de los casos se asocian a otros traumatismos. El diagnóstico en nuestro caso es sólo clínico, dolor y shock hipovolémico, gran parte de ellos se tratan de forma conservadora.
2. Diafragma: la lesión suele estar localizada en la región postero-lateral izquierda. En la auscultación se escuchan ruidos intestinales en tórax y suele haber dificultad respiratoria. Tratamiento quirúrgico.
3. Duodeno y páncreas: por golpe directo en epigastrio (volante), difícil de diagnosticar. Dolor, íleo y a veces shock hipovolémico. Tratamiento quirúrgico.
4. Estómago e intestino: por deceleración brusca y compresión por cinturón de seguridad, la lesión es más frecuente si están llenos. Sospecha si hematemesis o sangre en sonda nasogástrica, signo del cinturón o fracturas lumbares y peritonismo. Tratamiento quirúrgico.
5. Genitourinario: el riñón y el resto del periné se afectan frecuentemente y se manifiestan por hematuria. Las causas son traumas por desaceleración, contusiones y fracturas lumbares o pélvicas y lesiones penetrantes.

Posiciones de transporte.

Decúbito supino con flexión de rodillas y cuello; utilizar almohadas. Relaja la musculatura abdominal y por lo tanto disminuye el dolor. No indicada en LMET. Si se asocia a shock hipovolémico: Trendelenburg a 15º.

LESIÓN MÉDULO ESPINAL TRAUMÁTICA (LMET)

Concepto, Etiología y Epidemiología.

Como LMET se entiende toda lesión traumática que afecte a las estructuras de la columna vertebral a cualquiera de sus niveles. Se asocia con frecuencia a traumas múltiples, lo que puede dificultar el diagnóstico inicialmente. Es fundamental no agravar las lesiones en el manejo del paciente con sospecha de LMET e iniciar precozmente el tratamiento.

El grupo de edad más afectado son los varones entre 25-35 años y la causa más importante son los accidentes de tráfico, seguidos de accidentes laborales y deportivos. Los niños y mayores de 50 años tienen mayor porcentaje de sufrir lesión medular traumática (LMT) sin lesión ósea (SCIWORA).

Otros conceptos:

- Shock neurogénico: pérdida del tono vasomotor por lesión de las vías simpáticas descendentes con hipotensión y bradicardia. Generalmente por encima de T6.
- Shock medular o espinal: parálisis fláccida, arreflexia, anestesia y disfunción vegetativa después de una lesión medular. Es un periodo de duración variable, no es un estado de shock verdadero.

Fisiopatología, Síndromes Clínicos Medulares y Lesiones Espinales.

La LMET es un proceso dinámico en el que se diferencian dos fases:

- Lesión primaria: producida en el momento del traumatismo.
- Lesión secundaria: a continuación se inician una serie de procesos que dan lugar a un descenso de la perfusión medular con hipoxia, edema y necrosis; además lo agrava la hipotensión arterial producida tras la LMET. El tiempo óptimo para detener este proceso son 2 horas, ya que a las 6 horas la inhibición de la trasmisión es completa.

Para la toma de decisiones en el manejo de la LMET, hay que tener en cuenta los diferentes tipos de lesiones: medulares y espinales.

LESIONES MEDULARES

- Lesión medular completa: pérdida completa motórico-sensitiva distal a la lesión, con presencia de reflejo bulbocavernoso (solo desaparece en el periodo de shock medular).
- Lesión medular incompleta: queda preservada alguna función motórico-sensitiva distal a la lesión, sensibilidad perianal y tono rectal junto con capacidad de flexión plantar del primer dedo. Se distinguen cuatro síndromes de LMT incompleta:
    - Síndrome medular anterior: parálisis y anestesia infralesional para el dolor y la temperatura; se conserva la sensibilidad propioceptiva y el tacto fino.
    - Síndrome medular central: (más en personas mayores) existen varios grados de preservación motora y sensitiva fundamentalmente en EEII.
    - Síndrome medular posterior: pérdida de la sensibilidad profunda y tacto ligero, se conserva la función motora.

- Síndrome de hemisección medular (Brown-Sequard): parálisis espástica y pérdida de la sensibilidad propioceptiva ipsilateral y sublesional. Contralateral pérdida de la sensibilidad al dolor y temperatura con preservación motora.

LESIONES ESPINALES

Se considera una columna vertebral inestable cuando hay afectación de los cuerpos vertebrales o ligamentos y pérdida de la alineación.

- Luxación atlantooccipital: daño ligamentoso severo, no traccionar. Muy grave.
- Fractura de Jefferson (C1): fractura arco antero-posterior y ligamento transverso.
- Fractura apófisis odontoides (C2): Tipo I, II y III.
- Fractura pedículo (C2) de "Hangman" o del ahorcado: por hiperextensión, no traccionar.
- Columna cervical baja: avulsión de apófisis espinosas por flexión, roturas y desplazamientos de los cuerpos vertebrales.
- La columna dorsal tiene menor riesgo de inestabilidad por estar protegida por la caja torácica y masas musculares abdominales.
- La región lumbar está más expuesta a traumas y es con la cervical la más móvil.

Diagnóstico, Tratamiento y Manejo.

Se seguirá el manejo inicial de todo paciente traumatizado grave (ABCDE) y posterior valoración secundaria, haciendo hincapié en una correcta inmovilización colocando al paciente en decúbito supino y movilizándolo en bloque, o bien usando la férula espinal o de Kendrick.

> Para la movilización en bloque se necesitan cuatro personas: una en la cabeza, otra en los hombros, la tercera en caderas y la cuarta en piernas

Más tarde se colocará el collarín cervical, el inmovilizador cérvico-cefálico o "Dama de Elche", tablero espinal y colchón de vacío.

Una inmovilización correcta y precoz junto con el tratamiento de la hipoxia e hipotensión consiguen mejorar el pronóstico, el intervalo óptimo para intervenir es de 2 horas y si es posible en la primera hora.

1. Signos de sospecha de LMT
    - Lesiones por encima de la clavícula.
    - Traumatismos de gran energía.
    - Déficit motor en extremidades y músculos del tronco.
    - Déficit sensitivo en extremidades y tronco.
    - Abrasiones, laceraciones o deformidades en cabeza, cuello o columna.
    - Dolor a la palpación en columna o cuello.
    - Paciente politraumatizado inconsciente.

2. Puntualizaciones en el ABCDE

    - Vía aérea:

- Si hay resistencia en colocar la cabeza en posición neutra dejarla en la posición preexistente.
- La apertura de la vía aérea se realizará con tracción o elevación mandibular, sin mover ni extender el cuello, con inmovilización bimanual (con ayudante).

- Ventilación
  - En lesiones por encima de C4 hay parálisis de músculos intercostales y alteración diafragmática. De C5 a D12 hay respiración abdominal por parálisis intercostal y abdominal con abolición de la tos y expectoración.
  - Si se realiza IOT se quitará el collarín cervical sujetando firmemente cabeza y cuello, para después volverlo a poner. Utilizar relajantes no despolarizantes (**rocuronio** o **vecuronio**).

- Circulación
  - Lesiones por encima de D10: predominio vagal con bradicardia, hipotensión y vasodilatación periférica con piel bien perfundida.
  - Será necesario redistribuir el volumen con fluidoterapia adecuada (ver shock); y si no es suficiente, se administrará **dopamina** (5-40 µg/kg/min).
  - Actuar sobre el predominio vagal con atropina (máximo 3 mg) o marcapasos si no se resuelve.
  - En la valoración secundaria se colocará sonda vesical) si no hubiera contraindicación) de material siliconado, por producirse retención urinaria en este tipo de lesionados; además es necesario controlar la diuresis horaria y mantener flujos superiores a 0,5ml/kg/h ya que estos pacientes son muy sensibles al volumen administrado (controlar la sobrecarga para evitar un edema agudo de pulmón).
  - No hay que olvidar la prevención de fenómenos tromboembólicos por el estasis sanguíneo ocasionado por la inmovilización. Se utilizará **enoxaparina** a dosis profiláctica por kilo de peso cada 24 horas por vía SC. Colocar sondaje nasogástrico en lesiones desde D6 para descomprimir el estómago por el íleo paralítico y dilatación gástrica que se produce en la LMET

- Neurológico. A realizar después de la valoración primaria con el paciente en decúbito supino, perfectamente inmovilizado y alineado. Se hará una exploración vertebral y neurológica. Antes se volteará en bloque manteniendo la inmovilización manualmente (necesario para esto cuatro personas); una vez terminada la exploración se volverá a recolocar el material de inmovilización.
  - El nivel medular dañado se corresponde con el segmento más caudal normal, teniendo en cuenta que puede progresar.
  - Valorar pares craneales.
  - Evaluar la fuerza muscular: de 0 a 5.
  - Presencia de reflejos tendinosos, cutáneos, cremastérico, cutáneo plantar y bulbocavernoso. Desaparecen en el shock medular; cuando revierte se produce hiperreflexia.
  - Sensibilidad superficial (táctil fina, dolor y temperatura) y profunda (táctil profunda, propioceptiva y vibratoria)
  - Valorar disfunción vegetativa: shock medular.

- Presencia de síndromes clínicos medulares (vistos anteriormente).
- Es importante valorar al paciente según las escala **ASIA** (ver tablas 1 y 2) y reflejarlo en una gráfica como la imagen 1.

- Exposición. Estos lesionados pueden presentar alteraciones de la termorregulación por la denervación simpática. Pueden ser poiquilotermos, por lo que se tendrán en cuenta las medidas para controlar y evitar la hipotermia.

3. Tratamiento farmacológico de la LMET
   - Protección gástrica: Omeprazol IV 40 mg/100 ml SSF en 20 min.
   - NASCIS II si inicio de tratamiento antes de 3 horas de haberse producido el accidente:
     - Bolo inicial de **metilprednisolona** de 30 mg/kg en 100 ml SSF en 15 minutos.
     - Periodo de descanso de 45 minutos.
     - Perfusión de mantenimiento con **metilprednisolona** a dosis de 5,4 mg/kg/h en 23h, diluidos en 500 cc SSF.
   - NASCIS III si inicio de tratamiento entre 3 y 8h tras el accidente:
     - Bolo inicial de **metilprednisolona** de 30 mg/kg en 100 ml SSF en 15 min.
     - Periodo de descanso de 45 minutos
     - Perfusión de mantenimiento con **metilprednisolona** a dosis de 5,4 mg/kg/h en en 47h.

> Todo politraumatizado con pérdida de conciencia deberá ser tratado como un lesionado medular.

Tabla 1. Escala de discapacidad ASIA

A = Completa	Ausencia de función motora y sensitiva que se extiende hasta los segmentos sacros S4-S5
B = Incompleta	Preservación de la función sensitiva por debajo del nivel neurológico de la lesión, que se extiende hasta los segmentos sacros S4-S5 y con ausencia de función motora.
C = Incompleta	Preservación de la función motora por debajo del nivel neurológico y más de la mitad de los músculos llave por debajo del nivel neurológico tienen un balance muscular menor de 3.
D = Incompleta	Preservación de la función motora por debajo del nivel neurológico y más de la mitad de los músculos llave por debajo del nivel neurológico tienen un balance muscular de 3 ó más.
E = Incompleta	Las funciones sensitiva y motora son normales.

Imagen 1. Clasificación ASIA.

(Tomado de Unidad de Lesionados Medulares. Servicio de Rehabilitación. Hospital Miguel Servet de Zaragoza).

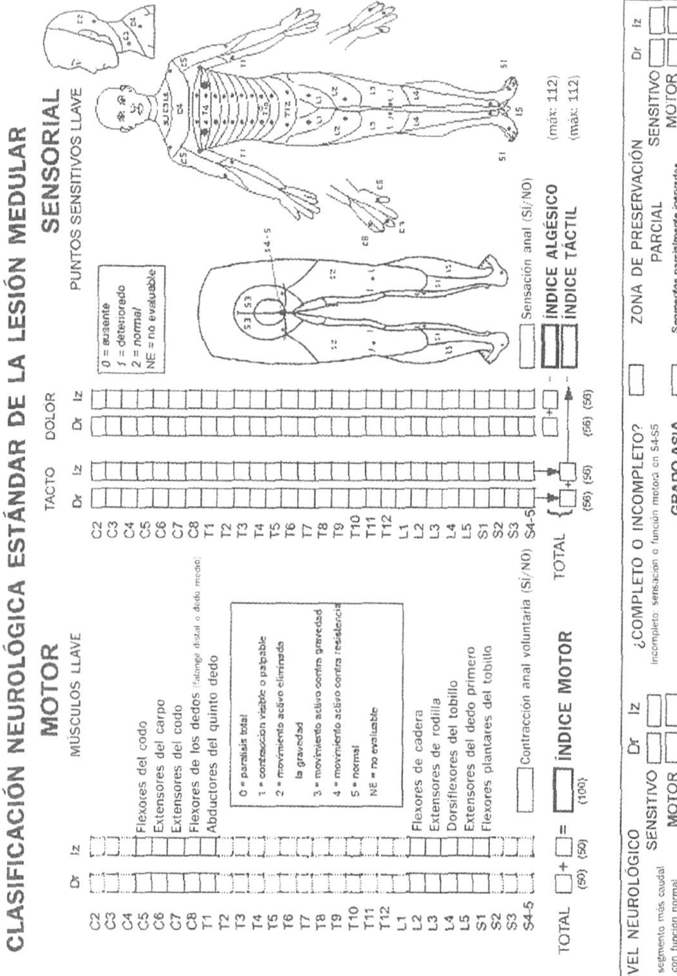

Tabla 2. Exploración Función Muscular.	
0	Parálisis total
1	Contracción visible o palpable
2	Movimiento activo eliminada la gravedad
3	Movimiento activo contragravedad
4	Movimiento activo contrarresistencia
5	Normal
NE	No evaluable

Posiciones de transporte.

En decúbito supino 0º, sobre colchón de vacío con inmovilizador cervico-cefálico (Dama de Elche) y collarín cervical. El objetivo es impedir los desplazamientos vertebrales que afecten a la médula espinal. Si se asocia a shock hipovolémico: Trendelemburg a 15º.

TRAUMATISMO FACIAL

Concepto.

Toda lesión de tejidos blandos de la cara, incluido el pabellón auricular, y la estructura ósea facial.

Valoración Inicial, Diagnóstico y Tratamiento.

El traumatismo maxilofacial por sí mismo no supone un riesgo vital, pero presenta situaciones y lesiones asociadas que si que lo conllevan, por lo que deberán ser identificados y tratados en la valoración primaria siguiendo el ABCDE:

- La obstrucción de vía aérea es la complicación más importante y vital. Existe un alto riesgo debido a:
    - Acumulación de secreciones y sangre
    - Presencia de cuerpos extraños: dientes ó prótesis
    - Fracturas faciales desplazadas
    - Edemas y/o hematomas
    - Caída de la lengua por pérdida de conciencia
    - Fractura mandibular.

  Reevaluar frecuentemente una posible obstrucción de vía aérea. Técnicas:

    - IOT si obstrucción o riesgo severo de obstrucción. Proceder con control cervical.
    - Cricotiroidotomía si no es posible IOT.
    - Intubación nasotraqueal (INT) indicada en fractura mandibular bilateral de ramas ascendentes con fragmentos impactados, contraindicada en fracturas de tercio medio.
- Otras lesiones vitales asociadas: TCE, lesión cervical ó de tercio superior de tórax.
- Colocación de collarín cervical por sospecha de lesión cervical asociada.
- Control de hemorragias si precisa y fluidoterapia adecuada.
- Analgesia.

La valoración secundaria se encaminará a explorar más exhaustivamente las lesiones una vez la situación ya no conlleve riesgo vital para el paciente.

- Protección gástrica con omeprazol 40 mg IV.
- Sondaje naso/orogástrico. El SNG está contraindicado en fracturas de tercio medio, epistaxis y fracturas de base de cráneo.
- Cura de heridas

TRAUMATISMO DE PELVIS Y EXTREMIDADES

Concepto.

- Fractura: rotura ó perdida de continuidad de la sustancia ósea. Se produce cuando la fuerza aplicada al hueso sobrepasa su resistencia flexible.
- Luxación: lesión ligamentosa con pérdida permanente del contacto de las superficies articulares.
- Amputación: arrancamiento o corte y separación de una parte de EESS o EEII.

Etiología.

Origen traumático, por sobrecarga ó patológico. Accidentes de tráfico, laborales y deportes de riesgo.

Clínica.

Dolor, impotencia funcional, tumefacción, deformidad, acortamiento, movilidad anormal de la extremidad, crepitación.

Manejo: valoración inicial y secundaria.

Seguir el ABCDE como en todo traumatizado grave, valorando el riesgo vital del traumatismo y teniendo en cuenta que:

- Un sangrado abundante conlleva riesgo de hipovolemia si no se trata de una manera precoz.
- Son especialmente graves:
    - fracturas de pelvis
    - fractura abierta masiva
    - fractura bilateral diafisaria de fémur
    - sección arterial grave
    - amputaciones
    - polifracturados.

En la valoración secundaria nos detendremos en:

- Anamnesis:
    - Actividad que se estaba realizando y mecanismo de lesión.
    - Características del entorno: ambiente séptico, contaminación química, inmersión en líquidos y exposición al calor ó frío.
    - Causas del accidente: sospecha de patología médica subyacente.
    - Funcionalidad previa de la extremidad afectada.
- Examen físico. Nos orientará en la clasificación simple y rápida de las fracturas para determinar nuestra pauta de actuación.
    - Valoración de la integridad de la piel del foco de fractura. En la fractura abierta puede existir una herida superficial que no comunique con el foco de fractura. Existe un alto riesgo de contaminación bacteriana y sepsis.
    - Valoración del desplazamiento de los fragmentos óseos
    - Valoración del compromiso neurovascular de la extremidad. Comprobar signos y síntomas de isquemia y/o lesión nerviosa en la zona distal respecto al foco de fractura. Sospechar ante fracturas articulares, aplastamientos, abiertas o muy anguladas

Tratamiento.

- Control hemodinámico: control de hemorragias y reposición de volumen.

- Analgesia:
  1. AINEs: **ketorolaco** a dosis de 30 mg/100 ml SF/20 minutos
  2. Opiáceos débiles: **tramadol** 100 mg/100 ml/20 minutos
  3. Opiáceos mayores:
     - **Cloruro mórfico** a dosis de 2,5 mg/5 min IV
     - **Fentanilo** a dosis de 0,05-0,10 mg IV repetibles hasta control del dolor.
- Cura de herida en caso de fracturas abiertas.
- Alineación de fracturas. En el caso de fracturas desplazadas se realizará suave tracción en eje, lo cual disminuirá dolor y complicaciones neurovasculares. Si se encuentra resistencia, se inmovilizará en la posición encontrada. Antes y después de la alineación, se realizará control neurovascular (pulsos distales, temperatura, coloración, sensibilidad).
- Inmovilización. Se utilizarán férulas neumáticas, de vacío, de Kramer ó de tracción, con la finalidad de inmovilizar la articulación superior e inferior al foco de fractura. Tras la inmovilización, volver a realizar control neurovascular.
- Tratamiento de luxaciones. Será similar al tratamiento en el caso de fracturas, con la peculiaridad de que nunca se intentará reducir y se inmovilizará en la misma posición en la que se encontró.
- Tratamiento en amputaciones.
  - Muñón proximal
    - Control hemodinámico.
    - Compresión directa del foco sangrante.
    - Vendaje compresivo.
    - Mantener la extremidad en alto.
    - Si continúa sangrado activo, colocar manguito de tensión arterial, e hinchar hasta 200-300 mmHg; hasta detener hemorragia.
    - Como última alternativa: torniquete de banda ancha; aflojar cada 20 minutos, anotar hora de colocación y tiempo de isquemia.
    - Analgesia según estado.
  - Miembro amputado.
    - Lavar con suero fisiológico.
    - Envolver en gasas estériles humedecidas y todo en paño estéril.
    - Introducir en bolsa de plástico y cerrar.
    - Colocar en recipiente con 1/3 de agua y 2/3 de hielo. Tª ideal 4ºC.
    - Evacuación urgente a hospital para reimplantes.

Fracturas de pelvis.

- Suelen estar asociadas a trauma abdominal, explorarlo siempre.
- Seguir el ABCDE, atendiendo especialmente a la inestabilidad hemodinámica que estas lesiones pueden producir por su gran sangrado (shock hipovolémico), siendo agresivos en el tratamiento.
- En la valoración secundaria, además de la exploración reglada como en todo trauma grave e identificación del mecanismo lesional, procederemos a:
  - Inspección de pelvis y EEII.
  - Determinar estabilidad pélvica: compresión progresiva antero-posterior y de la porción lateral hacia la medial sobre espinas iliacas antero-superiores. Palpar sínfisis de pubis, sacro y columna lumbar.
- Inmovilizar para control hemodinámico y favorecer la movilización durante la evacuación y transporte. Se puede hacer con el colchón de vacío o con una sábana alrededor de la pelvis a nivel de las crestas iliacas y trocánter mayor y otra a nivel de las rodillas, las piernas ligeramente flexionadas y rotación interna de rodillas. Se puede inmovilizar también con una férula espinal de Kendrick (KED) colocado al revés.

TRAUMATISMOS EN LA EMBARAZADA

Concepto.

El manejo inicial y la resucitación ABCDE no difieren del resto de politraumatizados. La atención óptima del feto es el tratamiento apropiado de la madre.

- **Cambios fisiológicos durante embarazo.**

	Normal	Embarazo
Volumen plasmático	4000 ml	↑ 40-50%
Frecuencia cardíaca	70	↑ 10-15%
Tensión arterial	110/70	↓ 15-20%
Gasto cardíaco	4-5 litros/minuto	↑ 40-50%
Hto/Hba	13/40	↓
PCO2	38	↓

- La TA y la frecuencia cardíaca no se modifican hasta 1500-2000 ml., pasando desapercibidas pérdidas de volemia de hasta el 30%.
- La vasoconstricción y taquicardia reactivas reducen el flujo sanguíneo uterino un 20-30%, lo que conduce a descensos en TA y FC fetales.
- La hipotensión aguda por disminución en el retorno venoso ocurre habitualmente en decúbito supino y con útero de, al menos, 20 semanas de gestación (altura ombligo) que comprime la vena cava inferior. Pude producir síncope materno y bradicardia fetal.

Diagnóstico de sospecha.

1. Traumatismos cerrados.
   - Politraumatismos: más frecuentes las lesiones esplénicas, hepáticas, retroperitoneales y hematomas por el aumento de vascularización. Fracturas pélvicas con sangrados ocultos a espacio retroperitoneal.
   - Desprendimiento de placenta: sangrado vaginal (ausente 30%), dolor abdominal y rigidez uterina.
   - Rotura uterina: clínica similar a la anterior; pueden faltar la hemorragia vaginal y el shock. En la exploración aumenta la sensibilidad uterina, dolor a la descompresión, palpación partes fetales y no palpación del fondo uterino.

2. Traumatismos penetrantes.
   - Lesiones por arma blanca y de fuego. Efecto protector del útero a la madre a partir del 2º trimestre. Mayor mortalidad en feto.

3. Violencia doméstica.

4. Caídas.
   - Por alteración en el centro de gravedad.

- Las lesiones pélvicas pueden provocar desprendimiento placentario y fracturas fetales.

5. Quemaduras.

   - Mayor requerimiento de líquidos.
   - Si SCQ>20% aumenta mortalidad fetal.

Manejo y tratamiento:

- Valoración ABCD y estabilización como en cualquier paciente politraumatizado.
- La situación de PCR se trata igual que en otras situaciones; las dosis de fármacos y desfibrilación no varían. Administrar 4 litros de cristaloides lo antes posible. Las maniobras son menos eficaces por la compresión aorto-cava que ejerce el útero: compresiones en zona del esternón más alta y en embarazos > 20 semanas, decúbito lateral izquierdo con ángulo de 30-45º entre la espalda y el suelo.
- Administrar siempre oxígeno suplementario al 100% inicialmente. Extracción de analítica básica para llevar al hospital de referencia.
- En caso de IOT, siempre presión cricoidea por el alto riesgo de brocoaspiración. Dosis mínimas necesarias de sedoanalgesia con titulación estricta; los relajantes musculares no están contraindicados. Hiperventilación inicial leve-moderada.
- Reposición volemia con cristaloides. Minimizar el uso de vasopresores por reducción del flujo uterino y consecuente hipoxia fetal.
- Transporte: a partir de la 20 semana de gestación, salvo sospecha de lesión cervical, girar a la paciente desde 15-30º hasta decúbito lateral izquierdo. Si la paciente se encuentra en decúbito supino, elevar la cadera derecha 10-15 cm y desplazar manualmente el útero a la izquierda. El colchón de vacío puede resultar de gran ayuda para mantener la posición tras las maniobras anteriores.
- En caso de indicación de drenaje torácico, realizarlo en 3º-4º espacio intercostal por ascenso del diafragma.
- Evitar canalización de vena femoral por la obstrucción parcial de la vena cava inferior por la compresión uterina.
- Si la paciente fallece o es inminente, los textos recomiendan cesárea perimortem (hasta 4-5 minutos post-fallecimiento y con edad gestacional compatible con la vida).

Derivación y traslado.

Proceder al traslado en UME con preaviso hospitalario, según criterios:

A-Criterios de ingreso en UCI:

- Los mismos que en otros politraumatizados.

B-Criterios de ingreso en planta:

- Los mismos que en otros politraumatizados.

ATENCION INICIAL AL TRAUMA GRAVE PEDIÁTRICO (AITGP)

Lesión de dos o más órganos o de uno si pone en peligro la supervivencia del niño o existe riesgo de lesiones graves. El 30% de las muertes que ocurren en las primeras horas posteriores al accidente y se deben a hipoxia y a hemorragia. Se calcula que entre el 25 y el 35 % de las muertes por traumatismo podrían evitarse con el desarrollo de una asistencia inicial rápida y adecuada (1)

Secuencia de actuación.

Evitar nuevos accidentes: Escenario seguro

1. Observar el accidente: nos puede dar muchas pistas sobre la severidad del accidente y de las lesiones que podemos encontrar.
2. Inspección primaria.
3. Rescatar al paciente, retirar el casco
4. Inspección secundaria
5. Transporte.

Valoración inicial.

Al igual que en el adulto se hace una valoración rápida de:

- A: Vía aérea:
  - Apertura con control cervical
  - Vigilar la presencia de cuerpos extraños, sangre, etc (aspirar si se precisa)
  - Si está inconsciente colocación de cánula orofaríngea apropiada.
- B: Ventilación:
  - Apoyar la ventilación espontánea proporcionando oxígeno con bolsa reservorio de entrada
  - Descartar neumotórax y tratarlo si aparece: punción urgente en 2º espacio intercostal línea medioclavicular)
  - Si no hay ventilación espontánea, IOT. En los traumatizados conviene analgesiar, sedar y relajar para disminuir el aumento de la presión intracraneal que se produce al intubar. Tras elegir el tubo apropiado (*tabla 1*) utilizaremos una secuencia rápida de intubación:
    1. Preoxigenación al 100% durante 2-3 minutos con maniobra de Sellick.
    2. **Atropina**: 0,02 mg/kg (mínimo 0,1 mg y máximo 1 mg).
    3. **Fentanilo**: 1 µg/kg hasta un máximo de 50 mcg.
    4. **Lidocaina** 1mg/kg. Si existe traumatismo craneoencefálico.
    5. Sedación y relajación: (*tabla 2*) Antes de relajarlo comprobar que podemos ventilar con otras alternativas como la mascarilla laríngea o ventilar con mascarilla laríngea (*tabla 3*).

- Si la ventilación no resulta posible con los métodos anteriormente expuestos debemos hacer una punción cricotiroidea.

Tabla 1. Tamaño del tubo endotraqueal

<table>
<tr><th colspan="2">Edad</th><th>Tamaño (número de TET)</th><th>Centímetros a introducir desde la boca</th></tr>
<tr><td rowspan="4">Prematuro</td><td>< 1 kg</td><td>1</td><td>2,5</td></tr>
<tr><td>1-2</td><td>1,5</td><td>3</td></tr>
<tr><td>2-3</td><td>2</td><td>3-3,5</td></tr>
<tr><td>> 3</td><td>2,5</td><td>3,5</td></tr>
<tr><td colspan="2">Recién nacido – 6 meses</td><td>3,5-4</td><td rowspan="4">Tamaño del tubo x 3</td></tr>
<tr><td colspan="2">6-12 meses</td><td>4</td></tr>
<tr><td colspan="2">1 – 2 años</td><td>4-4,5</td></tr>
<tr><td colspan="2">>2 años</td><td>(16+edad)/4</td></tr>
</table>

Tabla 2. Fármacos para IOT.

<table>
<tr><th></th><th></th><th>Con HTC</th><th>Sin HTC</th></tr>
<tr><td rowspan="9">Estable Hemodinámicamente</td><td rowspan="2">Sedante</td><td colspan="2">Midazolam 0,2 mg/kg en bolo - BPC 0,05-0,2 mg/kg/h</td></tr>
<tr><td>Tiopental 2-5 mg/kg (↓PIC)</td><td>Ketamina 0,5-2 mg/kg asociar midazolam y atropina</td></tr>
<tr><td rowspan="4">Relajante</td><td colspan="2">Rocuronio 0,6 mg/kg bolus</td></tr>
<tr><td colspan="2">Vecuronio 0,05 mg/kg/h</td></tr>
<tr><td colspan="2">Cisatracurio 0,1-0,3 mg/kg bolus
BPC: 0,1-0,2 mg/kg/h</td></tr>
<tr><td></td><td>Succinilcolina bolus de 0,5 – 1 mg/kg</td></tr>
<tr><td rowspan="2">Analgésico</td><td colspan="2">Fentanilo 2-5 µg/kg/h (en <6meses, ¼ ó ½ dosis)</td></tr>
<tr><td colspan="2">Cloruro mórfico 10 – 50 µg/kg/h</td></tr>
<tr><td colspan="3"></td></tr>
<tr><td rowspan="6">No estable Hemodinámicamente</td><td rowspan="2">Sedante</td><td colspan="2">Etomidato 0,3 mg/kg</td></tr>
<tr><td colspan="2">Midazolam 0,2 mg/kg en bolo - BPC 0,05-0,2 mg/kg/h</td></tr>
<tr><td rowspan="2">Relajante</td><td colspan="2">Rocuronio 0,6 mg/kg bolus</td></tr>
<tr><td colspan="2">Vecuronio 0,05 mg/kg/h</td></tr>
<tr><td rowspan="2">Analgésico</td><td colspan="2">Fentanilo 2-5 µg/kg/h (en <6meses, ¼ ó ½ dosis)</td></tr>
<tr><td colspan="2">Cloruro mórfico 10 – 50 µg/kg/h</td></tr>
</table>

Tabla 3. Tamaño de las mascarillas laríngeas

Peso en Kg	Tamaño	Volumen de inflado (en ml)
< 5 kg	1	4
5-10	1,5	7
10-20	2	10 (10 x tamaño) - 10
20-30	2,5	15
30-70	3	20
> 70	4	30
> 90	5	40
(Hasta 8 años: (edadx2)+8)		
(Mayores de 8: edad x 3)		

- C: Circulación
  - Tomar pulsos y valorar el tiempo de relleno capilar (valoración del grado de Shock hipovolémico) (*tabla 4*).
  - Taponar hemorragias: Compresión directa. Si la hemorragia es incontrolable se puede utilizar un torniquete que hay que aflojar cada 30 minutos.

Tabla 4. Diagnóstico del shock hipovolémico

La volemia del niño equivale a 80 ml/kg				
	I	II	III	IV
FC* (lat/min)	Lactante <140 Niño <120	140 – 160 120 – 140	160 – 180 140 – 160	>180 >160
TAS	Normal	Normal	↓	↓↓
Pulso	Normal	↓	↓	Ausente
Relleno capilar	Normal	>2seg	>2seg	Casi indetectable
FR** (resp/min)	Lactante 30-40 Niño 20-30	40 – 50 30 – 40	50 – 60 40 – 50	>60 (ó ↓) >50 (ó ↓)
Diuresis (ml/kg/h)	Lactante >2 Niño >1	1,5 – 2 0,5 – 1	0,5 – 1,5 0,2 – 0,5	<0,5 <0,2
Nivel de conciencia***	Ansioso Llanto	Intranquilo Llanto	Confuso Somnoliento	Confuso Somnoliento

Volemia perdida	<15%	15 – 25%	25 – 40%	>40%
Tratamiento****	Cristaloides carga 20 ml/kg		Cristaloides Sangre	Cristaloides Sangre
*El llanto y el dolor pueden ↑ la FC, FR y TAS; y alterar la valoración **La presencia de trauma torácico altera la valoración de la FR ***La presencia de TCE altera la valoración del nivel de conciencia ****Existe controversia sobre la utilización de coloides en pediatría. Si tras dos bolos de 20 ml/kg no mejora, recurriremos a coloides a dosis máxima de 15 ml/kg/día. No se recomienda Ringer Lactato si existe hipovolemia.				

- D: Valoración neurológica
  - Valorar escala de Glasgow (*tabla 5*). Intubar si Glasgow menor de 9 o deterioro progresivo de su valor.

Tabla 5. Escala de coma de Glasgow

Niños de 3 años o mayores.					
Apertura Ocular		**Respuesta Verbal**		**Respuesta Motora**	
				Obedece órdenes	6
		Orientado	5		
Espontánea	4			Localiza dolor	5
		Desorientado	4		
Responde a la voz	3			Escapa al dolor	4
		Inapropiada	3		
Responde al dolor	2			Flexión anormal	3
		Incomprensible	2		
Ausente	1			Extensión anormal	2
		Ninguna	1		
				No respuesta	1
Escala de Glasgow Modificada. Niños menores de 3 años.					
Apertura Ocular		**Respuesta Verbal**		**Respuesta Motora**	
		Sonríe, fija la mirada y		Obedece órdenes	6
Espontánea	4	sigue objetos	5	Localiza dolor	5
Responde a la voz	3	Llanto consolable	4	Escapa al dolor	4
Responde al dolor	2	Irritabilidad persistente	3	Flexión anormal	3
Ausente	1	Agitado	2	Extensión anormal	2
		Ninguna	1	No respuesta	1

  - Tratar las convulsiones si aparecen
  - Nunca olvidar que las primeras manifestaciones de la hipovolemia son alteraciones neurológicas en forma de ansiedad, agitación y cambios de humor.
  - Vigilar signos de herniación cerebral: anisocoria, bradicardia, hipertensión, respiración irregular y tono postural anormal. En caso de aparecer estos signos:

1. **Suero salino hipertónico**: 2 ml/kg de ClNa al 6%. Especialmente si hay inestabilidad hemodinámica.
2. **Manitol**: 0,25-1 g/kg. Si no hay inestabilidad hemodinámica.
3. Hiperventilación moderada: buscando una $EtCO_2$ de 30-35 mmHg

- Valorar estado pupilar:
    1. *ISOCÓRICAS, MIÓTICAS Y REACTIVAS:* Encefalopatía metabólica, intoxicación por opiaceos, por insecticidas organofosforados y lesiones diencefálicas.
    2. *ISOCORICAS CON MIOSIS PUNTIFORME Y ARREACTIVAS:* Lesiones de la protuberancia.
    3. *ISOCORICAS INTERMEDIAS Y ARREACTIVAS:* Lesión de mesencéfalo.
    4. *ISOCORICAS MIDRIÁTICAS Y ARREACTIVAS:* Indica lesión bulbar, encefalopatía anóxica. También puede ocurrir al administrar fármacos como atropina, glutemida, cocaína y anfetaminas
    5. *MIOTICA UNILATERAL Y REACTIVA:* Debe alertar sobre herniación transtentorial precoz. También puede formar parte del Síndrome de Claude-Bernard-Horner junto a ptosis, enoftalmos y anhidrosis facial homolateral en caso de lesión hipotalámica, bulbo medular o de la cadena simpática medular.
    6. *MIDRIASIS ARREACTIVA UNILATERAL:* Sugiere herniación del uncus temporal con afección del III par homolateral.

- E: Exposición
    - Valorar hemorragias
    - Prevenir la hipotermia
    - Valorar las posibles fracturas mediante inspección y palpación.
    - No olvidar valorar la espalda y zona dorsal del enfermo. La lesión de columna vertebral puede producir shock de tipo distributivo que se trata con reposición de líquidos y drogas inotoropas
    - Colocar sondas:
        - Nasogástrica: Excepto si nasorragia o sospecha de fractura de base de cráneo en cuyo caso se colocará por boca
        - Uretral excepto si hay hematoma escrotal o sangre en meato

Esta inspección primaria también sirve para valorar el *Índice de Trauma Pediátrico*: un índice menor de 9 es diagnóstico de trauma grave (tabla 6); con un ITP menor o igual a 6 la mortalidad es elevada y con un ITP <2 se acerca al 100%.

Tabla 6. Índice de Trauma Pediátrico (ITP) o Pediatric Trauma Score (PTS)

	+2	**+1**	**-1**
Peso (kg)	20	10-20	10
Vía aérea	Normal	Sostenible	No sostenible
TAS mm Hg	>90 (pulsos centrales y periféricos)	50-90 (centrales+; periféricos ausentes)	<50 (ausencia de centrales y periféricos)
Neurológico	Alerta	Obnubilado	Coma
Heridas	No	Menores	Mayores o penetrantes
Fracturas	No	Única y cerrada	Múltiples y/o abiertas

Rescate e inmovilización. Retirada del casco.

Para el rescate e inmovilización del paciente se procede de igual forma que en el adulto. Recordar:

- Inmovilizar la columna cervical primero de forma manual y posteriormente con collarín cervical
- Retirar el casco
- Valorar columna vertebral volteando en bloque.
- Extremidades
    - Alinear en sentido caudocraneal
    - Comprobar pulsos
    - Inmovilizar extremidades
- Movilizar el paciente en bloque

Valoración secundaria y Transporte (ver actuación en el adulto).

- Revisar de forma sistematizada al paciente desde la cabeza a los pies, una vez finalizado, volver a reevaluarlo de nuevo de la cabeza a los pies.
- Tratar las complicaciones que aparezcan.
- Proporcionar perfusión continua de analgésicos, sedantes y relajantes así como ajustar los parámetros del respirador.
- Evitar hipo e hiperglucemia.

- Quesada Suescum A., Rabanal LLevot J.M.; Actualización en el manejo del trauma grave. 1ª Edición. Madrid: Ediciones Ergon 2006.
- Navascués J.A., Vázquez J. Manual de Asistencia Inicial al Trauma Pediátrico. 2ª Edición. Madrid; 2001.
- Quesada Suescum A., Rabanal LLevot J.M.; Procedimientos técnicos en urgencias y emergencias. 1ª Edición. Madrid: Ediciones Ergon 2006.
- Guía de actuación en pacientes con traumatismo cráneo-encefálico. 1ª Revisión-2006. 061-Aragón. Servicio Aragonés de Salud.
- Actualizaciones en el manejo del traumatismo craneoencefálico grave. Emilio Alted López, Susana Bermejo Aznaréz, Mario Chico Fernández. UCI Trauma. Servicio de Medicina Intensiva. Hospital Universitario 12 de Octubre. Madrid. Medicina Intensiva, Vol. 33, nº1. Enero-Febrero 2009.
- Quesada Suescum A. Recomendaciones Asistenciales en Trauma Grave. Grupo de Trabajo de Asistencia Inicial al Paciente Traumático. Sociedad Española de Medicina de Urgencias y Emergencias (SEMES). Madrid: Edicomplet; 1999.
- Medidas de primer nivel en el tratamiento de la hipertensión intracraneal en el paciente con un traumatismo craneoencefálico grave. Propuesta y justificación de un protocolo.J. Sauquillo, A. Biestro, M.P. Mena, S. Amoros, M. Lung, M.A. Poca, M. De Nadal, M. Baguena, H. Panzardo, J.M. Mira, A. Garnacho, R.D. Lobato. Neurocirugía 2002; 13; 78-100.
- Programa Avanzado de Apoyo Vital en Trauma para Médicos (ATLS). Comité de Trauma del Colegio Americano de Cirujanos. 7ª edición.
- ANALES ESPAÑOLES DE PEDIATRÍA. VOL. 56, N.º 6, 2002
- López-Herce Cid J., Calvo Rey C., Baltodano Agüero A., Rey Galán C., Rodriguez Núñez A., Lorente Acosta M.; Manual de cuidados intensivos pediátricos 3ª Edición. Madrid: Publimed 2009
- Quesada Suescum A., Rabanal LLevot J.M.; Actualización en el manejo del trauma grave. 1ª Edición. Madrid: Ediciones Ergon 2006.
- Grupo Español de Reanimación Cardiopulmonar Pediátrica y Neonatal; Manual de Reanimación Cardiopulmonar Pedíatrica y neonatal 5ª Edición. Madrid: Publimed 2006
- Casado J, Castellanos A, Serrano A. Teja JL editores. El niño politraumatizado: Evaluación y Tratamiento
- Ruza F y col.; Tratado de Cuidados Intensivos Pedíátricos, 3ª Edicion. Madrid: Ediciones Norma- capitel 2003
- Montejo J.C., García de Lorenzo A., Ortiz Leyba C., Bonet A.; Manual de Medicina intensiva 3ª Edición. Madrid: Ediciones lsevier 2006
- American Spinal Injury Association. International Standards for neurological classification of spinal cord injury. Chicago: ASIA; 2002
- Programa Focuss de actualización sobre lesión medular. Unidad de Lesionados Medulares. Servicio de Rehabilitación del Hospital Miguel Servet de Zaragoza. 2009. L. Ledesma Romano, L. Toribio Clemente, I. Villarreal Salcedo.

Capítulo 5.

SOPORTE VITAL AVANZADO PEDIÁTRICO Y NEONATAL.

R Castro Salanova, YMª Latorre Martín, P Sorli Latorre, RMª Costa Montañés

SOPORTE VITAL PEDIÁTRICO Y NEONATAL.

Conjunto de técnicas y maniobras cuyo objetivo es restaurar la circulación y respiración espontáneas. Estas maniobras tienen unas particularidades propias para cada etapa y que a su vez difieren de las que se realizan en adulto, por ello lo primero es definir las edades a las que se aplicarán las diferentes maniobras.

- Recién Nacido (en adelante RN): Periodo inmediato al parto.
- Lactante: Hasta el año de edad
- Niño desde el primer año hasta la aparición de los primeros caracteres sexuales (unos 8 años).

El soporte vital tanto pediátrico como neonatal tiene dos fases una primera parte de soporte vital básico y una segunda fase de soporte vital avanzado. Siempre se inicia la secuencia por el soporte vital básico (en adelante SVB) y se continúa -si se dispone de los medios- con el soporte vital avanzado (en adelante SVA). La correcta ventilación tanto del recién nacido como del lactante y del niño es la mejor ayuda que podemos prestar con nuestra asistencia a estos pacientes.

Secuencias de actuación.

1. En el RECIEN NACIDO (Ver cuadro I)

   En este supuesto hemos de considerar que somos los que hemos asistido al parto.

   Procedimientos:

   1) Estabilización Inicial: Debe realizarse en unos pocos segundos

      a. Colocar al niño bajo fuente de calor, secándolo con toallas calientes y secas cubriéndole hasta la cabeza. Mantenerlo en decúbito supino con el cuello en posición neutra.
      b. Si hay actividad respiratoria pero no ventila se debe limpiar la vía aérea aspirando suavemente durante 3-5 segundos primero la boca y después la nariz con una sonda de 10 F (8F si prematuro) que no se debe introducir más de 5 cm. desde el labio
      c. Estimular la respiración: si no es suficiente con el secado se pueden dar palmadas en la planta de los pies o frotar la espalda en sentido caudo craneal.

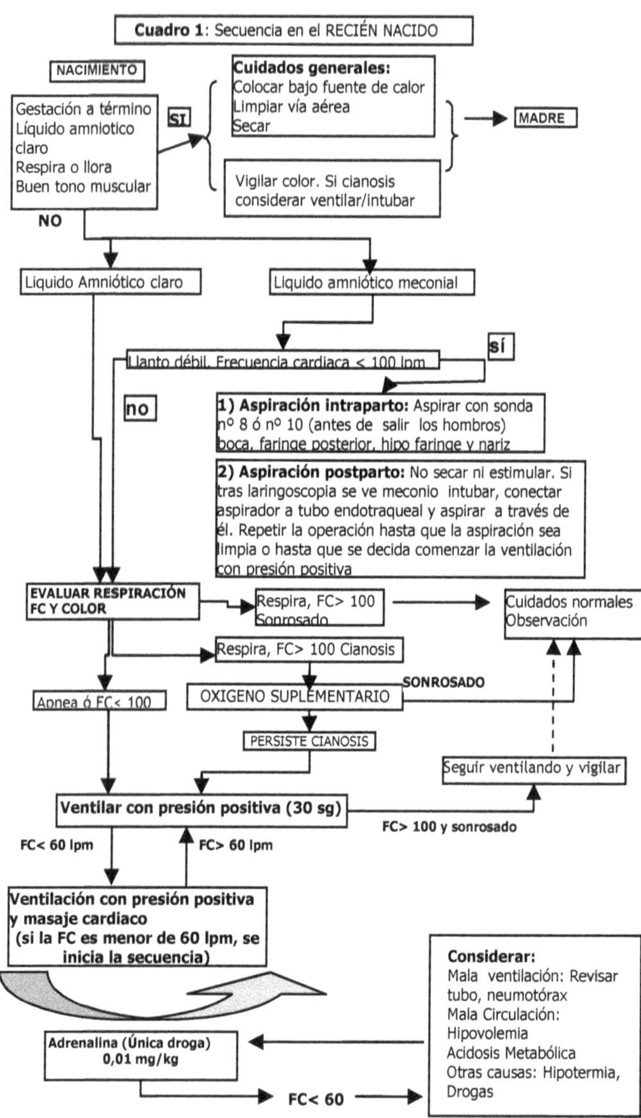

Cuadro 1: Secuencia en el RECIÉN NACIDO
NACIMIENTO
Gestación a término
Líquido amniotico claro
Respira o llora
Buen tono muscular
SI
Cuidados generales:
Colocar bajo fuente de calor
Limpiar vía aérea
Secar
Vigilar color. Si cianosis considerar ventilar/intubar
MADRE
NO
Liquido Amniótico claro
Liquido amniótico meconial
Llanto débil. Frecuencia cardiaca < 100 lpm
sí
no
1) Aspiración intraparto: Aspirar con sonda nº 8 ó nº 10 (antes de salir los hombros) boca, faringe posterior, hipo faringe y nariz
2) Aspiración postparto: No secar ni estimular. Si tras laringoscopia se ve meconio intubar, conectar aspirador a tubo endotraqueal y aspirar a través de él. Repetir la operación hasta que la aspiración sea limpia o hasta que se decida comenzar la ventilación con presión positiva
EVALUAR RESPIRACIÓN FC Y COLOR
Respira, FC> 100 Sonrosado
Cuidados normales Observación
Respira, FC> 100 Cianosis
SONROSADO
Apnea ó FC< 100
OXIGENO SUPLEMENTARIO
PERSISTE CIANOSIS
Seguir ventilando y vigilar
Ventilar con presión positiva (30 sg)
FC> 100 y sonrosado
FC< 60 lpm
FC> 60 lpm
Ventilación con presión positiva y masaje cardiaco (si la FC es menor de 60 lpm, se inicia la secuencia)
Considerar:
Mala ventilación: Revisar tubo, neumotórax
Mala Circulación: Hipovolemia
Acidosis Metabólica
Otras causas: Hipotermia, Drogas
Adrenalina (Única droga) 0,01 mg/kg
FC< 60

2) Valoración: Se debe realizar una valoración de los cuatro parámetros fundamentales: Respiración, Frecuencia Cardiaca y Color.

   a. Respiración: Observar la frecuencia, profundidad y simetría de los movimientos respiratorios y la existencia de boqueadas o quejidos en cuyo caso administraremos oxígeno mediante ventilación con presión positiva

   b. Frecuencia cardiaca: Se evalúa mediante auscultación (lo mejor) o palpando el pulso de la base del cordón umbilical, arteria braquial o arteria femoral. Una frecuencia por debajo de 100 obliga a administrar oxigeno mediante ventilación con presión positiva.

   c. Color: La cianosis central obliga a dar oxígeno mediante mascarilla y si persiste la cianosis se debe ventilar con presión positiva.

3) Administración de Oxígeno: En nuestro medio y dado que vamos a mantener durante un corto periodo de tiempo al recién nacido podemos optar por proporcionar oxigeno al 100%.

4) Ventilación con mascarilla y bolsa autoinflable: En caso de apnea, boqueadas o frecuencia cardiaca inferior a 100 lpm debemos de iniciar la ventilación y para ello necesitamos:

   a. Vía aérea abierta: sin secreciones y con la cabeza en posición neutra.

   b. Mascarilla adecuada: que no sobrepase el mentón ni se apoye sobre los ojos y selle bien la boca y la nariz. Puede ser redonda (más habitual) o triangular

   c. En nuestro medio la presión positiva la aplicaremos con la bolsa autoinflable (Ambu®). Las primeras insuflaciones deben ser algo más prolongadas y hacerse a presión más alta. Debemos considerar la colocación de una sonda naso gástrica si la ventilación con bolsa se alarga más de dos minutos para evitar la distensión gástrica.

      Utilizaremos la bolsa de 250 ml para la ventilación en prematuros, la de 500 para lactantes y niños pequeños (hasta los 2 años) y para el resto la de mayor tamaño. No obstante está claro que con la bolsa grande podemos ventilar cualquier paciente siempre que seamos cuidadosos con la cantidad y presión del aire que insuflamos. En caso de imposibilidad para intubar se puede recurrir a la utilización de la mascarilla laríngea, si bien no es de primera elección.

      Recordar una vez más la trascendencia de una buena ventilación en la reanimación en pediatría.

5) Intubación Endotraqueal: Utilizaremos esta forma de ventilación si:

   a. Ventilación con bolsa ineficaz

b. Necesidad de Masaje Cardiaco

c. Hernia diafragmática

d. Prematuros: En estos casos se debe intentar primero ventilación no invasiva. En caso de recurrir a la ventilación mecánica se debe ser cuidadoso con las presiones entregadas. A partir de la 26 semana de gestación (700-800 gr.) todos los prematuros deben recibir tratamiento activo.

e. Si se requiere aspiración traqueal (meconio).

Tamaño del tubo	Longitud a introducir (cm.)	Peso (gr.)	Edad Gestacional (Semanas)
2,5	6,5-7	< 1000	< 28
3	7-8	1000-2000	28-34
3,5	8-9	2000-3000	34-38
3,5-4	9-10	> 3000	> 38

Tabla 1. Tamaño del tubo endotraqueal en reanimación neonatal

6) Masaje Cardiaco: Se iniciará el masaje cardiaco si tras 30 segundos de ventilación la frecuencia cardiaca es menor de 60 lpm.

Técnica idónea: Abrazar al niño con nuestras manos y ejercer presión con los pulgares en el centro del pecho a un ritmo de 3 compresiones/ 1 ventilación para conseguir 90 compresiones y 30 ventilaciones en un minuto. Se debe comprobar el pulso cada 30 segundos.

7) Fármacos: La mejor vía para la administración de fármacos es la canalización de la vena umbilical (las venas periféricas y la vía intraósea son alternativas secundarias) mediante el catéter de 3,5 F (pequeño) si es pretérmino o de 5 F en el resto de los casos.

a. La *única droga* que se utiliza en RN es **adrenalina** a dosis de 0,01 mg/Kg, es decir 0,1 ml/Kg de una solución de 1 mg de adrenalina + 9 ml de suero fisiológico. Si se utiliza la vía endotraqueal se utilizan dosis tres veces superiores a la utilizada por vía venosa. Tras administrar la dosis correspondiente debemos de lavar la vía con 2 ml de solución salina. No es frecuente tener que recurrir a adrenalina en la atención del RN

b. En casos de sospecha de hipovolemia (hemorragia fetal) se puede administrar una carga de suero salino de 10 ml/Kg a pasar en 5- 10 minutos.

c. El uso de **naloxona** es controvertido según se desprende de la revisión de McGuire, en todo caso la primera medida consiste en mejorar la frecuencia cardiaca y el color mediante la ventilación. La dosis recomendada es de 0,1 mg/Kg que se puede repetir cada 2 -3 minutos.

d. **Bicarbonato**. Utilización muy controvertida y más aún en el medio extrahospitalario. No obstante en casos desesperados con un largo tiempo de realización de maniobras de soporte vital de un recién nacido a término, se podría utilizar a dosis de 1-2 mEq/Kg. (1-2 ml/Kg de bicarbonato 1M diluido con otra tanta cantidad de suero fisiológico).

8) Si el Recién Nacido es a término, tiene llanto enérgico y respiración efectiva, buen tono muscular y líquido amniótico claro, lo dejaremos con la madre y le aplicaremos los cuidados de rutina: secar, tapar y limpiar vía aérea.

2. En el LACTANTE Y NIÑO (se tratan conjuntamente y se explicarán las pequeñas diferencias que existen)

- Signos de Obstrucción de la vía aérea
  - El paciente presenta un cuadro de atragantamiento: Se le dice que tosa, ya que la tos es el mejor medio para desobstruir la vía aérea. Si el cuadro es más intenso (disnea muy intensa, no puede hablar, quejido respiratorio...) el paciente tiene una obstrucción severa de la vía aérea: en este caso, tras las maniobras básicas (Cuadro 2) utilizaremos laringoscopio y pinzas de Magill para la extracción del objeto. Si el paciente pierde el conocimiento iniciaremos las maniobras de RCP.

Figura 1: Desobstrucción en lactante

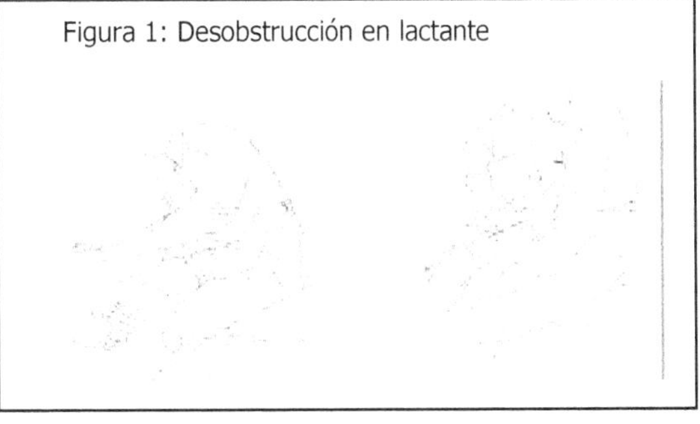

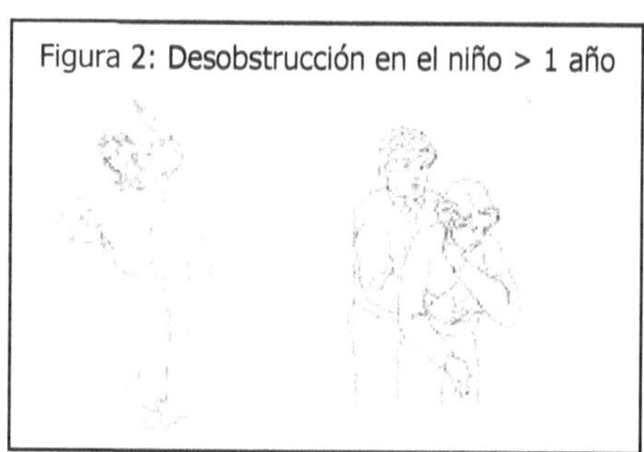
Figura 2: Desobstrucción en el niño > 1 año

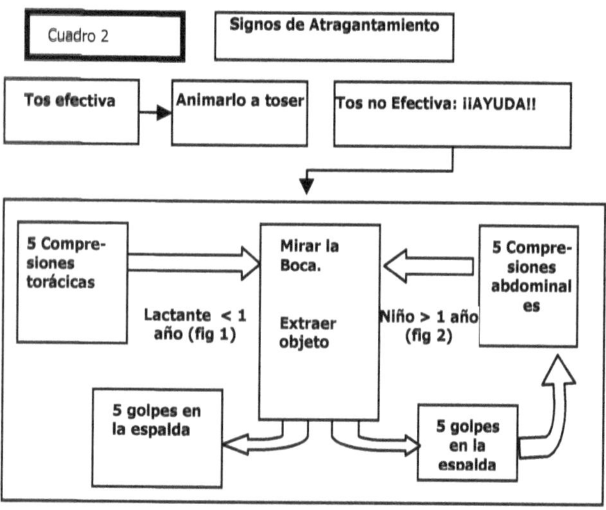

❖ Paciente inconsciente: (Cuadro 3)

Mientras realizamos maniobras de Soporte Vital Básico debemos de ir incorporando los elementos que constituyen el Soporte Vital Avanzado (en adelante SVA) que se basan en tres pilares:

- Optimización de la ventilación:
  - Abrir la vía aérea e introducir una cánula oro faríngea del tamaño adecuado (aquella que iguale la distancia entre incisivos superiores y el ángulo de la mandíbula) que introduciremos con la concavidad hacia abajo en los lactantes (ayudándonos de un depresor) y hacia arriba en los niños, girando 180º tras superar el paladar duro.
  - Aspiración: En caso de encontrar secreciones aspiraremos con una presión de entre 80–120 mmHg y después ventilaremos conectando a balón de resucitación con reservorio un flujo de O_2 de 15 l. Mientras tanto conectaremos el monitor desfibrilador y se canalizará vía.
  - Intubación: Si no recordamos el tubo apropiado (Tabla 2), podemos elegir un tubo endotraqueal (TET) que coincida con el 5º dedo del niño. En la se indican los TET adecuados según edad. Si el niño está en PCR no precisa ninguna medicación para intubarlo.

Tabla 2: Tamaño del tubo endotraqueal

Edad		Tamaño (número de T.E.T)	cm. desde la boca	Edad Gest.
Prematuro	< 1 Kg.	2,5	6,5-7	< 28 s
	2	3	7-8	28-34 s
	2-3	3,5	8-9	34-38
	> 3	3,5-4	>9	> 38 s
Recién nacido – 6 meses		3,5-4	Nº del tubo x 3	
6-12 meses		4		
1 – 2 años		4-4,5		
>2 años		(16+edad)/4		

  - En cualquier otro caso tras oxigenación durante 3 – 5 minutos con oxígeno al 100% (buscando una SaO_2 superior al 90%) con maniobra de Sellick utilizaremos una secuencia rápida de intubación:

    Atropina: 0,01-0,02 mg/kg (mínimo 0,1 mg y máximo hasta 0,5mg en niños y 1 mg para adolescentes).

Fármaco hipnótico: **midazolam** 0,2–0,3 mg/kg, **etomidato** 0,3 mg/kg, **ketamina** 0,5–1mg/kg (dar a la vez midazolam 0,05-1 mg/Kg y atropina 0,01 mg/Kg).

Fármaco analgésico: **fentanilo** a 2 μg/kg.

Relajante muscular: **rocuronio** 0,6 mg/kg, **cisatracurio** 0,1-0,3 mg/kg (en bolo) o **succinilcolina** 1 mg/kg (produce aumento de potasio, de la presión intraocular y de la presión intracraneal, por lo que Rocuronio es una buena alternativa).

Ventilar durante un minuto y seguidamente intubar.

Tabla 2. Fármacos para IOT.

<table>
<tr><th></th><th></th><th>Con HTC</th><th>Sin HTC</th></tr>
<tr><td rowspan="8">Estable
Hemodinámicamente</td><td rowspan="2">Sedante</td><td colspan="2">Midazolam 0,2 mg/kg en bolo - BPC 0,05-0,2 mg/kg/h</td></tr>
<tr><td>Tiopental 2-5 mg/kg (↓PIC)</td><td>Ketamina 0,5-2 mg/kg asociar midazolam y atropina</td></tr>
<tr><td rowspan="4">Relajante</td><td colspan="2">Rocuronio 0,6 mg/kg bolus</td></tr>
<tr><td colspan="2">Vecuronio 0,05 mg/kg/h</td></tr>
<tr><td colspan="2">Cisatracurio 0,1-0,3 mg/kg bolus
BPC: 0,1-0,2 mg/kg/h</td></tr>
<tr><td></td><td>Succinilcolina bolus de 0,5 – 1 mg/kg</td></tr>
<tr><td rowspan="2">Analgésico</td><td colspan="2">Fentanilo 2-5 μg/kg/h (en <6meses, ¼ ó ½ dosis)</td></tr>
<tr><td colspan="2">Cloruro mórfico 10 – 50 μg/kg/h</td></tr>
<tr><td rowspan="6">No estable
Hemodinámicamente</td><td rowspan="2">Sedante</td><td colspan="2">Etomidato 0,3 mg/kg</td></tr>
<tr><td colspan="2">Midazolam 0,2 mg/kg en bolo - BPC 0,05-0,2 mg/kg/h</td></tr>
<tr><td rowspan="2">Relajante</td><td colspan="2">Rocuronio 0,6 mg/kg bolus</td></tr>
<tr><td colspan="2">Vecuronio 0,05 mg/kg/h</td></tr>
<tr><td rowspan="2">Analgésico</td><td colspan="2">Fentanilo 2-5 μg/kg/h (en <6meses, ¼ ó ½ dosis)</td></tr>
<tr><td colspan="2">Cloruro mórfico 10 – 50 μg/kg/h</td></tr>
</table>

- Monitorización: Para observar el ritmo. (Cuadro 3) Permite clasificar los ritmos en
  - Desfibrilables: *Fibrilación Ventricular y Taquicardia Ventricular sin pulso.*

    El tratamiento es desfibrilar con una energía de 4 julios/Kg. utilizando las palas pequeñas en el lactante y las palas grandes en el niño.

    En los casos de hipotermia la desfibrilación es mucho menos eficaz, se debe calentar al enfermo

  - No desfibrilables: Asistolia (Ritmo más frecuente en la parada del niño), Bradicardia (por debajo de 60 lpm) y Actividad Eléctrica Sin Pulso (AESP).

    •La asistolia es el ritmo más frecuente en la parada del niño.

    •Si aparece AESP, se debe descartar la presencia de las "4H" y "4T".

    - 4H: **H**ipoxia, **H**ipovolemia, **H**ipotermia, **H**iper/ **H**ipokaliemia
    - 4T: Neumo**Tórax** a **T**ensión, **T**aponamiento Cardiaco, **T**óxicos, **T**romboembolismo pulmonar.
- Vía para administración de fármacos: periférica, intraósea (fig.3 y 4) o central y también se puede utilizar la vía aérea (adrenalina a dosis 10 veces superior y atropina a mg/Kg.)

Fig.3:

Vía intraósea en el lactante

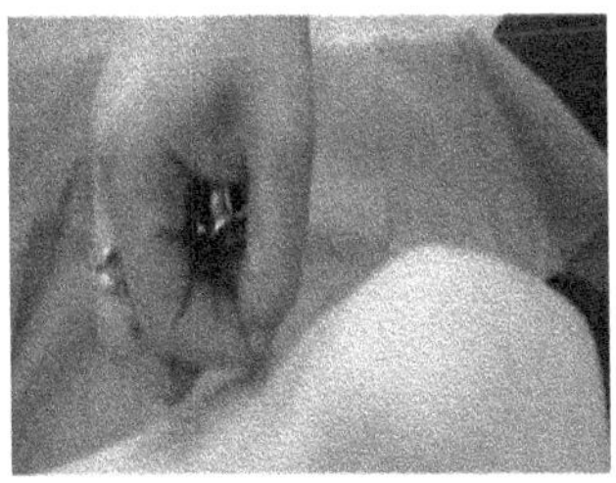

Fig.4:

Vía intraósea en mayores de 8a

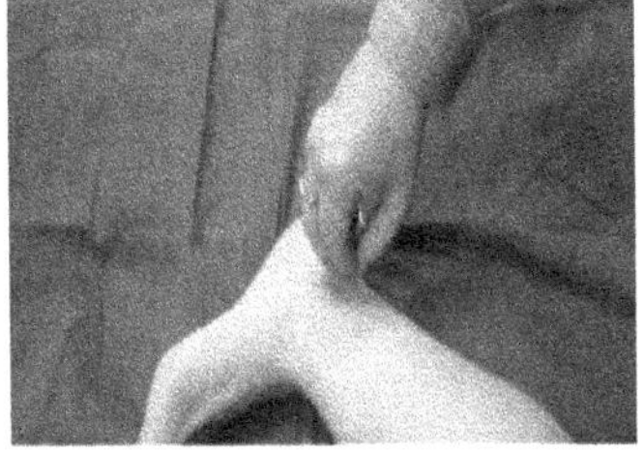

En el niño tenemos que decidir si:

- Debemos o no iniciar la reanimación: sólo en casos de muerte cierta, enfermedad terminal y orden de no reanimar nos plantearemos el no intervenir.
- Debemos o no suspender la reanimación: Recordar que si se asocia hipotermia debemos prolongar las maniobras mientras resten fuerzas. En otros casos, al menos, mantendremos las maniobras durante 20 minutos.

Actuación tras la reanimación.

Tras conseguir revertir la parada cardiorespiratoria del niño, debemos transportarlo al hospital de referencia en las mejores condiciones posibles:

- Vigilar y actuar sobre la vía aérea: Lograr una buena oxigenación con la menor presión de oxígeno.
    - Auscultar frecuentemente para vigilar la correcta ventilación y para descartar la aparición de Neumotórax en cuyo caso debemos evacuarlo pinchando en 2º espacio intercostal línea medio clavicular con un angiocateter de 14G en niños o de 16G en lactantes, conectado a una válvula de Heimlich. Posteriormente se colocará un tubo de drenaje torácico en 5º espacio intercostal línea axilar media conectado a una válvula de Heimlich.
    - Mantener una $SatO_2$ al menos del 90% ventilando adecuadamente al paciente.
    - Vigilaremos el ventilador:
        - Ajustar frecuencia, volumen y PEEP para conseguir una pulsioximetría por encima de 90%

Tabla 3: Parámetros iniciales recomendados en el respirador

Peso(Kg.)	**3-5**	**5-10**	**10-15**	**15-20**	**20-26**	**26-40**	**>40**
FR (rpm)	30	25	22	20	18	16	14
Vt (ml/Kg.)	5-10	6-10	6-10	6-10	6-10	6-10	6-10
FiO_2	0,5	1	1	1	1	1	1
I/E	1:2	1:2	1:2	1:2	1:2	1:2	1:2
PEEP	2-4	2-8	2-10	2-10	2-10	2-10	2-10

- en caso de alarma por aumento de la presión:
    - Descartar neumotórax
    - Descartar acodamiento del tubo
    - Descartar secreciones (aspirar si las hubiera)
    - Comprobar la correcta sedo analgesia
    - Comprobar los parámetros del respirador
- en caso de otras alarmas:
    - Comprobar la correcta colocación del tubo
    - Comprobar el funcionamiento de la botella y su capacidad.

Vigilar y actuar sobre el ritmo cardiaco.

- Taquicardia sinusal:
    - Fiebre: antitérmicos y medidas físicas.
    - Hipovolemia y otras causas de shock: infundir líquidos utilizando cargas primero de **cristaloides** 10 ml/Kg en recién nacidos y 20 ml/Kg en el resto. Si tras dos cargas no es suficiente utilizar coloides o sangre y si persiste la situación utilizar inotropos: **dopamina** y **adrenalina** (Tabla 4).
    - Neumotórax a tensión: evacuación urgente como se ha descrito anteriormente.

Tabla 4: Principales fármacos inotrópicos

	Dilución	**Dosis Inotrópicas**	**Dosis Inotrópicas y vasoconstrictoras**
Dopamina	Kg x 3 = mg de droga a diluir en SG5% hasta completar 50 ml 1ml/h=1µg/Kg/min	3-10 µg/Kg/min	>10 µg/Kg/min
Adrenalina	Kg x 0,3 = mg de droga a diluir en SG5% hasta completar 50 ml 1ml/h=1µg/Kg/min	0,1 – 0,2 µg/Kg/min	> 0,2 µg/Kg/min

- Tratar las taquiarritmias que puedan aparecer (ver cuadro 4) teniendo en cuenta que la frecuencia cardiaca disminuye con la edad, tal como se indica en la tabla 5.

Tabla 5: Objetivos de control en la valoración rápida

	Frecuencia Cardiaca	Frecuencia Respiratoria	TAS (valores mínimos)	Diuresis
< 30 días	< 160	< 40	50	2 ml/Kg/h
1-12 meses			70	
Niño	< 120	< 30	70+(2 x edad)	1 ml/Kg/h
Adolescente	< 100	< 20	90	1 ml/Kg/h

- Tratar las bradiarritmias: (en los niños cuando aparece bradicardia es un signo de gravedad que nos debe alertar del riesgo de parada)
  - Si la frecuencia es inferior a 60 lpm: iniciar maniobras de soporte vital
  - En otros casos:
    - Corregir causas (mala ventilación, dolor, hipovolemia)
    - **Atropina**: primera dosis de 0,01-0,02 mg/Kg.
    - Si persiste

      1º) Repetir **atropina** hasta un máximo de 1 mg en niños y 2 mg en adolescentes.

      2º) **Isoproterenol** 0,1-0,5 μg/Kg/min

      3ª) Colocar marcapasos

- Vigilar la perfusión y la circulación:
  - Mantener una tensión adecuada y un buen relleno capilar (tiempo inferior a 2 segundos).
  - Mantener caliente al niño.
- Vigilar y actuar sobre el Sistema Nervioso Central:
  - En estas ocasiones el paciente está intubado por lo que la mejor actuación es mantener cifras correctas del resto de parámetros (ver capítulo de AITGP)

Otras actuaciones: Mantener cifras de glucemia normales. Realizar sondaje vesical y naso gástrico

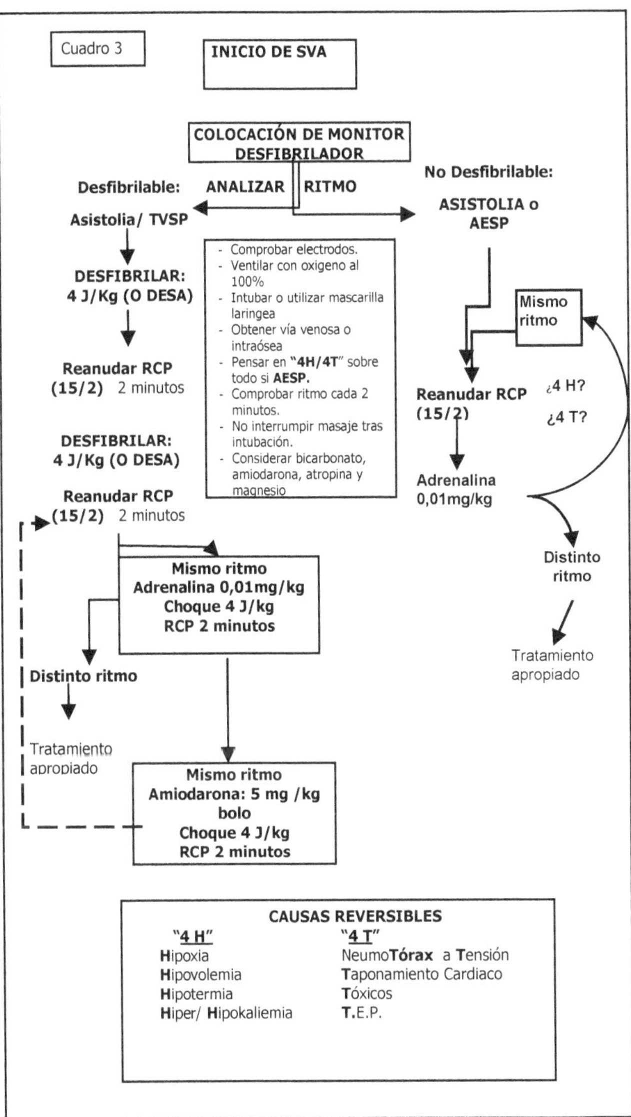

CAUSAS REVERSIBLES

"4 H"	"4 T"
Hipoxia	Neumo**Tórax** a **T**ensión
Hipovolemia	**T**aponamiento Cardiaco
Hipotermia	**T**óxicos
Hiper/ **H**ipokaliemia	**T.**E.P.

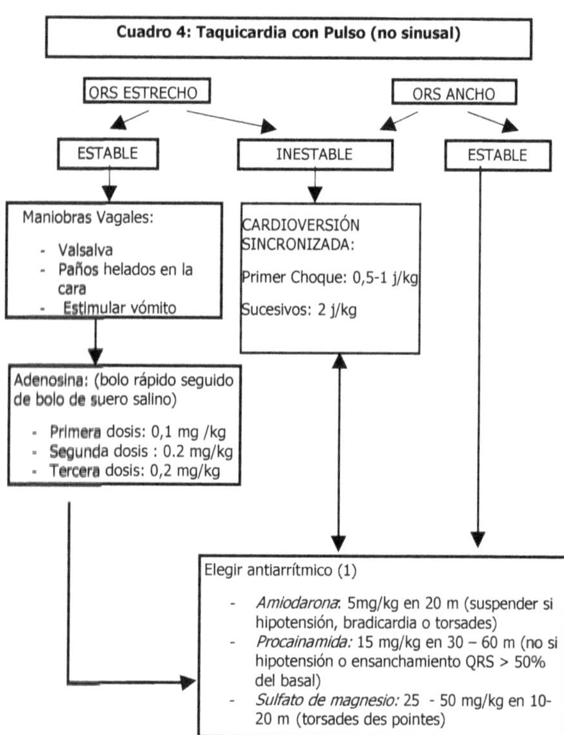

Cuadro 4: Taquicardia con Pulso (no sinusal)
ORS ESTRECHO
ORS ANCHO
ESTABLE
INESTABLE
ESTABLE
Maniobras Vagales:
- Valsalva
- Paños helados en la cara
- Estimular vómito
CARDIOVERSIÓN SINCRONIZADA:
Primer Choque: 0,5-1 j/kg
Sucesivos: 2 j/kg
Adenosina: (bolo rápido seguido de bolo de suero salino)
- Primera dosis: 0,1 mg /kg
- Segunda dosis : 0.2 mg/kg
- Tercera dosis: 0,2 mg/kg
Elegir antiarrítmico (1)
- Amiodarona: 5mg/kg en 20 m (suspender si hipotensión, bradicardia o torsades)
- Procainamida: 15 mg/kg en 30 – 60 m (no si hipotensión o ensanchamiento QRS > 50% del basal)
- Sulfato de magnesio: 25 - 50 mg/kg en 10-20 m (torsades des pointes)

Bibliografía.

- McGuire W, Fowlie PW. Naloxona para recién nacidos expuestos a narcóticos (Revisión Cochrane traducida). En: *La Biblioteca Cochrane Plus, número* 3, 2008. Oxford, Update Software Ltd. Disponible en: http://www.update-software.com. (Traducida de *The Cochrane Library,* Issue . Chichester, UK: John Wiley & Sons, Ltd.).
- López-Herce Cid J., Calvo Rey C., Baltodano Agüero A., Rey Galán C., Rodriguez Núñez A., Lorente Acosta M.; Manual de cuidados intensivos pediátricos 3ª Edición. Madrid: Publimed 2009
- European Resuscitation Council "Guidelines for Resuscitation 2005. Section 6. Pediatric Life Support". Resuscitation 2005;
- Ruza F y col.; Tratado de Cuidados Intensivos Pediátricos, 3ª Edicion. Madrid: Ediciones Norma- capitel 2003.
- Grupo Español de Reanimación Cardiopulmonar Pediátrica y Neonatal; Manual de Reanimación Cardiopulmonar Pedíatrica y neonatal 5ª Edición. Madrid: Publimed 2006
- Flórez J, Armijo JA, Mediavilla A. Farmacología Humana 3ª Edición. Barcelona: Masson S.A. 1997
- Internet: http://www.monografias.com
- http://www.enfervalencia.org/ei/80/articulos-cientificos/5.pdf.

Capítulo 6.

SÍNDROME CORONARIO AGUDO: SCASEST, SCACEST Y COMPLICACIONES.

A Sancho Pellicer, J Alba Chueca, B Aguiló Anento, E Mir Ramos.

SINDROME CORONARIO AGUDO

Concepto.

El síndrome coronario agudo (SCA) cursa con dolor torácico de perfil isquémico (presión o pesadez retroesternal) irradiado a brazo izquierdo, cuello o mandíbula, acompañado de sudación, náuseas, disnea o síncope. Ocasionalmente se presenta de forma atípica (dolor epigástrico, dolor transfixivo o de tipo pleurítico, disnea creciente...).

El ECG podrá mostrar una elevación persistente del segmento ST >20 minutos (SCACEST) o no, pudiendo encontrar depresión transitoria o persistente del segmento ST o una inversión de la onda T (SCASEST).

SINDROME CORONARIO AGUDO SIN ELEVACIÓN DE ST (SCASEST)

Son más frecuentes que los SCACEST y con mortalidades comparables.

Un ECG normal no excluye SCASEST. La isquemia en el territorio de la arteria circunfleja muestra un ECG de 12 derivaciones normal, pero puede detectarse en las V3R y V4R y en V7-V9. Necesario comparar ECG obtenidos con previos del paciente o seriarlos en el tiempo.

Individualizar estrategia terapéutica, se basa en el riesgo de mortalidad de estos pacientes.

El diagnóstico y la estratificación del riesgo a corto plazo han de basarse en la combinación de la historia clínica, los síntomas, el ECG, los marcadores de necrosis y los resultados en las escalas de riesgo (clase IB).

Para evaluar el riesgo del paciente se debe:

- Realizar ECG de 12 derivaciones, registrando además V3R y V4R, V7-V9. Repitiéndose en función de la aparición de nuevos síntomas (clase IC). El ECG también nos dará un diagnóstico diferencial.
- Proceder a la extracción de analítica para determinación hospitalaria de biomarcadores de necrosis (clase IA).
- Aplicar escalas de riesgo: TIMI y GRACE (clase IB)
- Valoración del riesgo hemorrágico, que aumenta con dosis altas o combinaciones de varios fármacos antitrombóticos, duración del tratamiento, cambios entre diversos anticoagulantes, edad avanzada, función renal disminuida, bajo peso corporal, sexo femenino, hemoglobina basal y procedimientos invasivos (clase IB). Fundamental a la hora de decidir estrategia invasiva.

Considerar los siguientes predictores de muerte o IAM a largo plazo en la estratificación del riesgo (IB):

- Indicadores clínicos: dolor (reposo, prolongado o post-IAM/post-intervencionismo), edad, frecuencia cardíaca, TA, Killip≥2, DM, IM o cardiopatía isquémica previos.
- Indicadores bioquímicos: troponina
- Indicadores de riesgo en ECG:

Descenso del ST>2mm en más de dos derivaciones
Descenso generalizado del ST y elevación en aVR

Elevación transitoria del ST sugestiva de afectación proximal de arteria
Bloqueos de alto grado
Fibrilación ventricular primaria

- Resultados en las escalas de riesgo: TIMI y GRACE.

ESCALA TIMI (cada item se valora con un punto)
Mayor ó = 65 años
Presencia de 3 ó más factores de riesgo cardiovascular: HTA, fumador, dislipemia, diabetes, historia familiar.
Estenosis coronaria previa (o IAM, bypass o ACTP)
Alteración del ST>0,5mm
2 ó más episodios anginosos en reposo en las últimas 24 horas
Tratamiento con AAS en los últimos 7 días
Elevación de marcadores bioquímicos de necrosis: troponinas

- Escala de GRACE. De gran complejidad, requiere aplicaciones informáticas. Tiene valor pronóstico. Aplicación gratuita para PDA y/o ordenador en www.outcomes.org/grace.

Grupos de riesgo en SCASEST	
Bajo riesgo	**Alto riesgo**
TIMI 0-4 y ECG "no de alto riesgo"	TIMI ≥ 5 y/o ECG "de alto riesgo" y/o inestabilidad clínica del paciente. TIMI 3-4 + diabetes o troponina positiva Todos con CK-MB positiva

Manejo y tratamiento.

- **Oxígeno** suplementario en situaciones de hipoxemia: Killip>II y $SatO_2$<90%
- **Nitroglicerina** (clase IC) si hay HTA, Killip>2 o dolor persistente. Contraindicada si TAS<90 mmHg, bradi o taquicardia, si no hay insuficiencia cardiaca o si IAM de ventrículo derecho.
  - Diluir 50 mg en 490 ml de SG5% y comenzar a 10-20 µg/min (6-12 ml/h); subiendo 5-10 µg/min (3-6 ml/h) cada 3-5 minutos hasta:
    - Alcanzar dosis máxima (10 mg/h=40 ml/h)
    - Mejoría clínica
    - TAS < 90 mmHg.
- **Betabloqueantes** (clase IB) por vía oral si no existen contraindicaciones (hipotensión, bradicardia, bloqueo AV, edema de pulmón, asma, riesgo de shock cardiogénico). Indicados en situaciones de HTA y taquicardia. Objetivo: frecuencia cardíaca entre 50 y 60 x'. No disponibles por VO en nuestro medio.

- **Antagonistas del calcio**: disminuyen los síntomas en pacientes tratados con nitritos y betabloqueantes. Indicados en la angina vasoespástica y en aquellos con contraindicación para el betabloqueo (clase IB). Mayor efecto protector el **diltiazem**. En angina vasoespástica 30 mg/6h VO; en IAM 90 mg/6h VO.
- **Antitrombóticos**:
  - Antiagregantes:
    - **AAS**: a todos (clase IA) una dosis inicial de 160-325 mg no entérica. Si intolerancia o contraindicación, administrar clopidogrel.
    - **Clopidogrel**: a todos una dosis de carga de 300 mg (clase IA). Si se elige estrategia invasiva (ICP) usar una dosis de carga de 600 mg (clase IIa-B).
    - Inhibidores del receptor de la glucoproteína IIb/IIIa: no recomendados en el uso extrahospitalario.
  - Anticoagulación: debe darse a todos (clase IA). En pacientes con aclaramiento de creatinina bajo (insuficientes renales) se deberá ajustar la dosis. La **heparina sódica** está recomendada en la estrategia invasiva urgente (clase IC) y se mantiene durante todo el procedimiento (ver tabla 1). En la no urgente es preferible la **fondaparina** (IA) 2,5 mg sc/24h o **enoxaparina** a dosis de 1 mg/kg sc/12h cuando el riesgo hemorrágico sea bajo (clase IIa-B).
- **Estrategia invasiva**:

Conservadora pacientes de bajo riesgo	**Urgente**	**Precoz (en 72 h)** pacientes con riesgo
Ausencia de recurrencia del dolor torácico Sin signos de IC No anomalías del ECG Marcadores de necrosis negativos	Angina persistente Angina recurrente a pesar de tratamiento antianginoso intenso y con alteraciones del ECG del tipo de ↓ST u ondas T negativas. IC con progresión o no a shock Arritmias malignas (FV, TV)	Troponinas elevadas Cambios dinámicos del ST o de la onda T (con síntomas o no) Diabetes Función renal reducida ↓FE del VI Angina precoz postIAM ICP en los últimos 6 meses Cirugía de revascularización previa Riesgo intermedio o alto en la escala de GRACE

RECUERDA: los inhibidores de la bomba de protones disminuyen el efecto de clopidogrel, utilizar anti-H2 como la ranitidina

Consideraciones especiales

- En los mayores de 75 años hay que valorar la expectativa de vida y la comorbilidad.
- Las mujeres no constituyen grupo de riesgo. Valorar principalmente la comorbilidad (clase IB).
- Diabéticos:
    - En fase aguda se recomienda control glucémico para alcanzar normoglucemia (clase IC), pudiendo ser necesaria la infusión de insulina (clase IIa).
    - Se recomienda una estrategia invasiva precoz (clase IA)
    - Se benefician de un inhibidor GP IIb-IIIa que se mantendrá hasta el final de la ICP (clase IIa-B).
- Alteraciones de la función renal:
    - Deben recibir el mismo tratamiento de primera línea en ausencia de contraindicaciones (clase IB).
    - Se recomienda uso de heparina sódica en infusión ajustada (clase IC).
    - Si IRCrónica con aclaramientos de creatinina muy bajos, realización de evaluación invasiva y revascularización siempre que sea posible (clase IIa-B).

Tabla 1. Dosificación de la heparina sódica (HNF).

Vial al 1% con 5 ml (1000 UI/ml)

Bolo inicial de **60**-70 UI/kg (máximo 5000 UI)

Kg	UI	ml
50	3.000	3
55	3.300	3,3
60	3.600	3,6
65	3.900	3,9
>70	4.000	4

A los 15 minutos, perfusión de 12-15 UI/kg/h (máximo 1000 UI/hora). Diluir 5000 UI en 100 cc SSF (50 UI/ml)

Kg	UI/h	ml/h
50	600	12
60	720	15
70	840	17
80	960	19
>85	1000	20

ALGORITMO SCASEST.

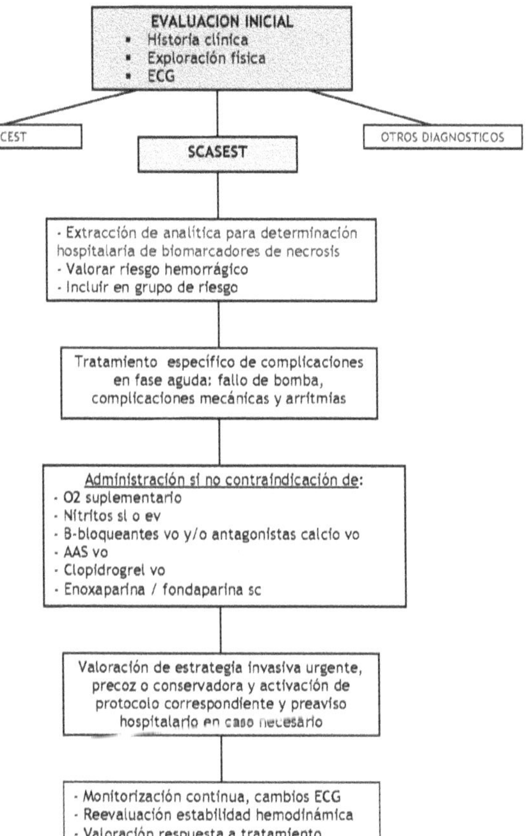

A pesar de las indicaciones de estrategia invasiva, recomendamos contactar telefónicamente con el Servicio de Hemodinámica de guardia para consensuar individualmente la indicación de "Alerta hemodinámica" en pacientes límite entre dos categorías distintas o que no cumplen estrictamente las condiciones necesarias para la activación de dicho protocolo, pero que plantean dudas y pueden beneficiarse de dicha actuación.

SINDROME CORONARIO AGUDO CON ELEVACIÓN DE ST (SCACEST)

El diagnóstico se basa en los siguientes pilares:

- La aparición de dolor torácico que dura 10-20 minutos o más y que no responde totalmente a nitritos. Es posible también localizar el dolor a nivel epigástrico o interescapular, con irradiación a cuello, mandíbula inferior o brazo izquierdo. Muchas veces se produce palidez y sudoración, o hipotensión, o irregularidades del pulso, tercer ruido y estertores basales. En ancianos es frecuente la disnea, los mareos o el síncope.
- Elevación persistente del segmento ST o (sospecha) aparición de nuevo bloqueo completo de la rama izquierda. En caso de infarto posterior o del ventrículo derecho, habrá que obtener las derivaciones V7-V9 o V3R y V4R respectivamente.
- Positividad de los marcadores bioquímicos de necrosis miocárdica, que no serán necesarios para iniciar tratamiento de reperfusión.

Manejo y tratamiento en el medio extrahospitalario.

Se centrará en el tratamiento del dolor, en restaurar el flujo coronario mediante ICP o fibrinólisis y en la prevención y tratamiento de las complicaciones del IAM que pudieran surgir.

Inicialmente hay que tratar el **dolor** puesto que contribuye al aumento de la vasoconstricción y de la carga de trabajo cardiaca. Administrar opiáceos endovenosos evitando la vía IM, como **morfina** 4-8 mg con dosis adicionales de 2 mg cada 5-15 minutos hasta que cese el dolor. Los efectos secundarios que pueden aparecer son náuseas y vómitos (tratar con **metoclopramida** 5-10 mg IV), hipotensión con bradicardia (buena respuesta a **atropina** 0,5-1 mg IV) y depresión respiratoria (que puede requerir apoyo ventilatorio) que se tratará con oxígeno a flujos de 2-4 litros por minuto en gafas nasales o mascarillas de tipo venturi.

La elección de la terapia de **reperfusión** viene marcada por el tiempo "puerta-balón", es decir, el tiempo que transcurre desde que vemos al paciente y el momento en que el hemodinamista dilata el balón durante la angioplastia; y por el tiempo de evolución de los síntomas:

Evolución < 12 horas	Evolución > 12 horas
▪ ICP primaria de elección (clase IA). El tiempo "puerta-balón" ha de ser en todo caso siempre inferior a 2 horas (clase IB). Además, la ICP primaria está indicada en pacientes en shock y en aquellos con contraindicaciones al tratamiento fibrinolítico, independientemente de los tiempos de demora (clase IB). ▪ Se realizará fibrinolisis en ausencia de contraindicaciones cuando no se puedan cumplir los plazos de ICP primaria (clase IA).	▪ Aun cuando los síntomas presenten una evolución >12 horas, se considerará terapia de reperfusión (clase IIa-C). Se considerará ICP en pacientes estables con evolución entre 12 y 24 horas (clase IIb-B). En caso de no poder realizarse, optaremos por tratamiento conservador con antiagregantes y anticoagulantes.

ICP Primaria.

Si el paciente es candidato a esta terapia, hay que añadir tratamiento antiplaquetario (clase IB) y antitrombínico (clase IC) (antiagregar y anticoagular):

- **AAS** (clase IB) a dosis oral de 150-325 mg sin recubrimiento entérico o utilizar dosis IV de 250-500 mg si no fuera posible la vía oral.
- **Clopidogrel** (clase IC) a dosis de carga de al menos 300 mg, siendo preferible 600 mg.
- **Heparina** (clase IC) con bolo endovenoso de 100 UI/kg, manteniendo una perfusión en función del TCA y suspendiéndola al acabar el procedimiento.

Fibrinólisis extrahospitalaria.

Considerada clase IIa-A en el medio extrahospitalario. Se iniciará en ausencia de contraindicaciones y cuando no se pueda realizar ICP en los plazos establecidos.

Contraindicaciones de la fibrinólisis	
Absolutas	**Relativas**
ACV hemorrágico o ACV de origen desconocido en cualquier momento	AIT en los seis meses precedentes
ACV isquémico en los últimos seis meses	Tratamiento anticoagulante oral
Traumatismo o neoplasia en el SNC	Embarazo o primera semana postparto
Traumatismo/cirugía/daño encefálico importante en las últimas 3 semanas	HTA refractaria (TAS>180 mm Hg y/o TAD>110 mm Hg)
Sangrado gastrointestinal durante el último mes	Enfermedad hepática avanzada
Alteración hemorrágica conocida	Endocarditis infecciosa
Disección aórtica	Úlcera péptica activa
Punciones no compresibles (biopsia hepática, punción lumbar...)	Resucitación refractaria

PROCEDIMIENTO

- **AAS** a dosis oral de 150-325 mg, sin recubrimiento entérico; dosis IV de 250 mg si la vía oral no fuera posible.
- **Clopidogrel**. Dosis de carga de 300 mg en pacientes <75 años y dosis de 75 mg en los >75 años.
- **Enoxaparina**:
  - En <75 años iniciar bolo IV de 30 mg seguido 15 minutos después de 1mg/kg/12horas SC. Las primeras dosis no deben exceder los 100 mg.
  - En >75 años o con insuficiencia renal, comenzar con dosis SC de 0,75 mg/kg (máximo 75 mg)
- **Tenecteplasa** (TNK-Tpa) en bolo IV ajustado al peso del paciente:

<60 kg	60-70 kg	70-80 kg	80-90 kg	>90 kg
30 mg	35 mg	40 mg	45 mg	50 mg

La **ICP de rescate** se considerará si hay evidencia de fracaso de la terapia fibrinolítica (signos clínicos de isquemia y resolución <50% del ST) o IAM de gran tamaño. Se realizará durante las primeras 12 horas de aparición de los síntomas (clase IIa-A).

RECUERDA: Los inhibidores de la bomba de protones disminuyen el efecto de clopidogrel; utilizar si fuera necesario, anti H_2 como la ranitidina.

Tratamiento conservador.

Sin tratamiento de reperfusión, administraremos:

- **AAS** a dosis oral de 150-325 mg, sin recubrimiento entérico; dosis IV de 250 mg si la vía oral no fuera posible.
- **Clopidogrel**. Dosis oral de 75 mg.
- **Enoxaparina**:
  - En <75 años iniciar bolo IV de 30 mg seguido 15 minutos después de 1mg/kg/12horas SC. Las primeras dosis no deben exceder los 100 mg.
  - En >75 años o con insuficiencia renal, comenzar con dosis SC de 0,75 mg/kg (máximo 75 mg)

ALGORITMO TRATAMIENTO SCACEST.

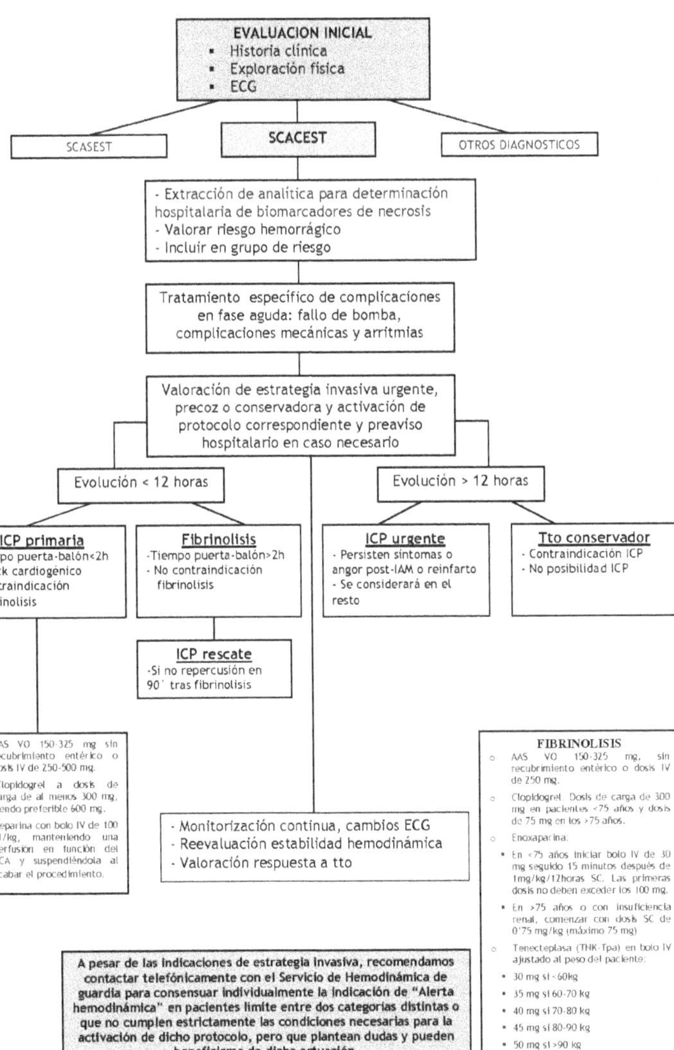

COMPLICACIONES DEL SCACEST Y SU TRATAMIENTO

Aunque algunas de ellas se tratan específicamente en otros capítulos de esta obra, nos referiremos fundamentalmente a las situaciones de fallo de bomba (insuficiencia cardíaca y shock), a las complicaciones mecánicas (rotura cardíaca y regurgitación mitral) y a las alteraciones de la conducción cardíaca en fase aguda (arritmias).

Fallo de bomba: insuficiencia cardíaca y shock cardiogénico.

Suele producirse por daño miocárdico y como consecuencia de arritmias o complicaciones mecánicas. Durante la fase aguda de un IAM se asocia a mal pronóstico.

Clínicamente se presenta como disnea, taquicardia sinusal, tercer ruido y estertores pulmonares (inicialmente basales pero que pueden extenderse a la totalidad de los campos pulmonares).

Clasificación de Killip (grado insuficiencia cardíaca)	
Killip I	Sin estertores ni tercer ruido
Killip II	Congestión pulmonar con estertores en menos del 50% de los campos pulmonares o tercer ruido
Killip III	Edema pulmonar con estertores en más del 50% de los campos pulmonares
Killip IV	Shock cardiogénico: estado de hipoperfusión caracterizado por TAS<90 mmHg que se debe a una pérdida importante de miocardio; también viene definido por la necesidad de tratamiento con inotropos para mantener una TAS>90 mm Hg. Al diagnóstico de shock llegaremos una vez descartadas otras causas de hipotensión (hipovolemia, reacciones vasovagales, alteraciones electrolíticas, farmacológicas, taponamiento cardiaco, arritmias). Se asocia a daño importante en ventrículo izquierdo aunque también el infarto de ventrículo derecho puede provocarlo. En caso de que la ICP de urgencia no pueda realizarse, debe iniciarse tratamiento fibrinolítico.

Tratamiento de la insuficiencia cardiaca leve (Killip II)

- **Oxigeno**
- **Furosemida**: 20-40 mg IV repetido a intervalos de 1-4 horas si fuera necesario.
- **Nitritos. Contraindicados si TAS<90 mmHg, bradi o taquicardia, si no hay insuficiencia cardiaca o si IAM de ventrículo derecho. Se preparan diluyendo 50 mg en 490 ml de SG5% y comenzando a 25 µg/min (15 ml/h); si fuera necesario subir de 10 en 10 µg (5 ml/h) cada 5 minutos hasta alcanzar dosis máxima (10 mg/h=40 ml/h), mejoría clínica** o **TAS < 90 mmHg.**
- **IECA**: en ausencia de hipotensión, hipovolemia o insuficiencia renal. A administrar durante las primeras 24 horas. No disponible en nuestro medio.

Tratamiento de la insuficiencia cardiaca grave (Killip III)

- **Oxígeno**. Valorar **VMNI** (ver capítulo 8)
- **Furosemida** y **nitritos** a las dosis ya indicadas
- Inotropos: **dopamina** si TAS<90 mm Hg a dosis de 5-15 µg/kg/min (si hipoperfusión renal, a 3 µg/kg/min). (Ver Anexo III).

Tratamiento del shock cardiogénico (Killip IV)

- **Oxígeno**
- Inotropos: **dopa** y **dobutamina** (Ver Anexo III).

- Revascularización temprana

Complicaciones mecánicas.

Son la rotura cardiaca de la pared libre o del septo y la regurgitación mitral.

- Rotura de pared libre:
  - Aguda. Colapso y DEM refractaria a RCP
  - Subaguda. Deterioro hemodinámico súbito con hipotensión. Son típicos los signos de taponamiento cardíaco. Con menor frecuencia puede manifestarse como recurrencia del dolor, incluso con nuevas elevaciones del ST.
- Rotura del septo. Deterioro súbito y grave. Se ausculta un soplo sistólico. Siempre que no haya shock, los nitritos pueden producir mejoría. El tratamiento consiste en cirugía de urgencia.
- Regurgitación mitral. Suele ser frecuente, pero aparece entre los días 2 y 7.

Alteraciones de la conducción en la fase aguda.

Pueden ser la primera manifestación clínica de los pacientes con IAMCEST, siendo las responsables de gran número de casos de muerte súbita.

- Arritmias ventriculares. Las asintomáticas no se tratan. Los beta bloqueantes reducen la incidencia de FV; también lo hace la lidocaína, pero aumenta la mortalidad. En ámbito hospitalario vigilar estrechamente la hipomagnesemia e hipopotasemia.
  - Ectopia ventricular. Cuestionable como predictor de FV. No se trata.
  - TV no mantenida (<30 segundos) o ritmo idioventricular acelerado (normalmente consecuencia de tratamiento fibrinolítico y con frecuencia ventricular <120) no requieren tratamiento. Si hay presentaciones sintomáticas y repetitivas de TV monomorfa no sostenida, tratar con **amiodarona** o un **bloqueador beta** (IIa C).
  - TV polimorfa:
    - Con QT basal normal: beta bloqueante, **amiodarona** o **lidocaína** (clase IC)
    - Con QT basal prolongado: corregir electrolitos, considerar **magnesio**, sobreestimulación eléctrica, **isoprenalina** o **lidocaína** (clase IC).
  - TV mantenida con inestabilidad hemodinámica: cardioversión eléctrica. Si resiste, **amiodarona** (clase IIa B), lidocaína o **sotalol** (clase IIa C).
  - TVSP y FV: protocolo de RCP específico. Tras resucitación puede seguirse tratamiento profiláctico con perfusión de **amiodarona** y un **betabloqueante**.
- Arritmias supraventriculares.
  - Tratar si las frecuencias rápidas contribuyen al desarrollo de insuficiencia cardíaca. Control de la frecuencia en FA:
    - **Beta bloqueantes** (en ausencia de insuficiencia cardíaca o broncoespasmo), **diltiazem** o **verapamilo** (si no hay bloqueo AV). Clase IC.
    - **Amiodarona** (clase IC). Reduce respuesta y mejora la función ventricular.

- **Digoxina** en caso de disfunción grave del VI y/o insuficiencia cardíaca (clase IIb C).
- Si inestabilidad hemodinámica, isquemia intratable o dificultad de control frecuencia cardíaca de manera farmacológica: cardioversión eléctrica (clase IC).

- Anticoagular si todavía no se ha hecho con **heparina sódica o de bajo peso molecular** (clase IC).

- Bradicardia sinusal. Frecuente en la primera hora, sobre todo en los IAM inferiores. Tratar si deterioro hemodinámico (hipotensión) con **atropina** IV (clase IC). En caso de fallar ésta, usar marcapasos temporal (clase IC).
- Bloqueos AV.
  - De primer grado no requiere tratamiento alguno.
  - Asociado a IAM inferior. Suele ser transitorio con ritmo de escape QRS estrecho >40 lat/min. Baja mortalidad.
  - Asociado a IAM anterior. Por debajo del nodo AV, asociado a ritmo de escape inestable de QRS ancho. En estos IAM, la aparición de un nuevo BRIHH precede a bloqueo AV completo y fallo de bomba.
  - Tratamiento del bloqueo AV de 2º grado (Mobitz 2) y del bloqueo AV de 3º grado con bradicardia que causa hipotensión o insuficiencia cardíaca: **atropina** IV (clase IC) o marcapasos temporal si fracaso de ésta (clase IC).

Tabla 1. Dosis de los fármacos antiarrítmicos más usados

Fármaco	Bolo IV	Perfusión mantenimiento
Amiodarona	150 mg en 10 min. Dosis adicionales de 150 mg en 10-30 min en arritmias recurrentes (máx 6-8 bolos en 24 horas)	1 mg/min durante 6 horas
Esmolol	500 μg/kg en 1 min, se sigue de 50 μg/kg/min durante 4 min	60-200 μg/kg/min
Metoprolol	2,5-5 mg en 2 min (máx 3 dosis, 15 mg)	
Atenolol	5-10 mg (1 mg/min)	
Propanolol	0,15 mg/kg (a ritmo de 1 mg/min)	
Digoxina	0,25 mg/2h hasta dosis de 1,5 mg	
Lidocaína	1-2 mg/kg	1-5 mg/min
Sotalol	20-120 mg en 10 min (0,15-1,5 mg/kg) Puede repetirse a las 6h (máx 640 mg en 24h)	
Verapamilo	0,075-0,15 mg/kg en 2 min	
Diltiazem	0,25 mg/kg en 2 min	
Atropina	0,5 mg repetible hasta dosis total de 1,5-2 mg	
Isoprenalina	0,05-0,1 μg/kg/min hasta 2 μg/kg/min Ajustada a frecuencia y ritmo cardíacos	

MANEJO TIPOS ESPECIALES DE IAMCEST	
IAM de ventrículo derecho	Es importante su diagnóstico puesto que aunque pueda manifestarse como shock cardiogénico, su tratamiento es totalmente diferente del shock debido al fallo ventricular izquierdo. Clínicamente se caracteriza por hipotensión, ausencia de estertores pulmonares y aumento de la presión yugular venosa en contexto de IAMCEST inferior. Se diagnostica por la elevación del ST en la derivación V4R, aunque también lo sospecharemos si vemos ondas Q y elevación del ST en V1-V3. En caso de shock, evitaremos vasodilatadores (opiáceos, nitritos, diuréticos, IECAs) y nos centraremos en la carga IV de fluidos para mantener la precarga ventricular derecha. Usaremos cargas de 150 ml de suero salino en estrecha monitorización. En caso de aparición de FA (complicación frecuente en este tipo de IAM), procederemos a corregirla lo antes posible tal y como ya hemos indicado en el apartado correspondiente. Si apareciera un bloqueo AV, está indicado el marcapasos. Se debe hacer ICP primaria de elección, reservando la fibrinólisis únicamente en los casos en que la ICP no fuera posible de ninguna forma.
IAM en paciente diabético	El 20% de pacientes con IAM son diabéticos. Presentan el doble de mortalidad. Clínicamente pueden presentar síntomas atípicos, y es frecuente que se compliquen con diferentes grados de insuficiencia cardíaca. La retinopatía deja de ser una contraindicación a la fibrinólisis. La hiperglucemia durante el evento es un marcador de mortalidad, por lo que el objetivo será mantener las cifras de glucemia en un rango de entre 90 y 140 mg/dl. Cifras por debajo de 80-90 mg/dl puede producir isquemia por hipoglucemia.
IAM en insuficiente renal	La estrategia terapéutica del paciente con deterioro renal avanzado es la misma que para el que conserva su función renal; aunque este tipo de pacientes presenta mayor tasa de mortalidad a dos años por tener más factores de riesgo cardiovascular y mayor riesgo de sangrado en los tratamientos de reperfusión.

- F Van der Werf et al: Guía de Práctica Clínica de la Sociedad Europea de Cardiología (ESC). Manejo del infarto agudo de miocardio en pacientes con elevación persistente del segmento ST. Grupo de trabajo de la Sociedad Europea de Cardiología (ESC) sobre el manejo del infarto agudo de miocardio con elevación del segmento ST (IAMCEST). Rev Esp Cardiol. 2009; 62(3):e1-e47
- Jean-Pierre Bassand et al: Guía de Práctica Clínica para el diagnóstico y tratamiento del síndrome coronario agudo sin elevación del segmento ST. Grupo de trabajo para el diagnóstico y tratamiento del síndrome coronario agudo sin elevación del segmento ST de la Sociedad Europea de Cardiología (ESC). Rev Esp Cardiol. 2007; 60(10):1070.e1-e80
- Medicina Crítica Práctica (SEMICYUC). Síndrome coronario agudo: nuevas perspectivas diagnósticas y terapeúticas. Coordinador: López Messa, J.B. Erikamed 2007.

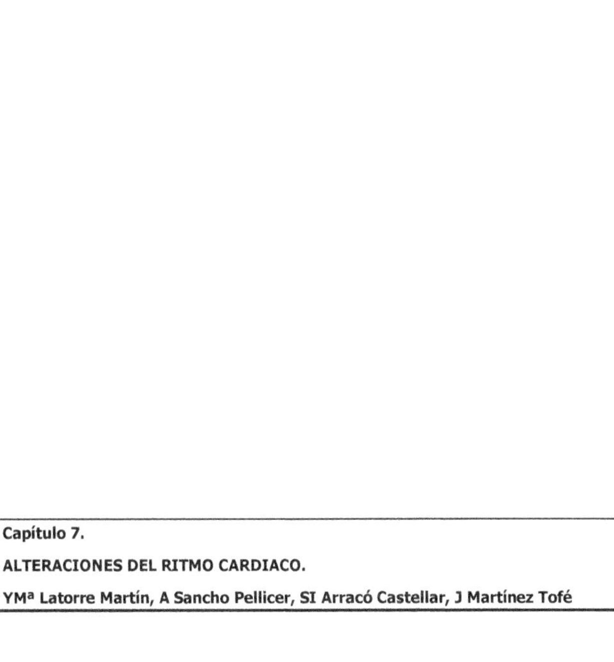

Capítulo 7.

ALTERACIONES DEL RITMO CARDIACO.

YMª Latorre Martín, A Sancho Pellicer, SI Arracó Castellar, J Martínez Tofé

ALTERACIONES DEL RITMO

- Las alteraciones del ritmo cardiaco son una causa común de muerte súbita, por ello, la monitorización electrocardiográfica debería ser establecida tan pronto como una persona sufre un síncope o síntomas de isquemia coronaria.

- El ECG y la información del ritmo deberían ser analizados en el contexto de una evaluación global del paciente. Por tanto, se deben tener muy presente, no sólo las alteraciones del ritmo del paciente sino también los síntomas (dolor centrotorácico, disnea, sensación de inestabilidad...) y los signos clínicos (hipotensión, hipoxia, palidez-acrocianosis. alteración del nivel de conciencia, taquipnea, bradipnea, ingurgitación yugular...) que nos sugieran una alteración en la perfusión.

BRADICARDIA

Concepto.

La bradicardia se define como la frecuencia cardiaca < 60 latidos por minuto (lpm). Este algoritmo se centra en la bradicardia clínicamente significativa, bien como bradicardia absoluta (< 60 lpm), bien como bradicardia relativa (> 60 lpm pero inapropiada para la nueva situación clínica, p.e. paciente con marcada hipoxia, o hipovolemia con ritmo cardiaco a 75 lpm).

Clasificación:

1. Bradicardias secundarias a una alteración en la formación del impulso:
   - **Bradicardia sinusal**: el ritmo cardiaco se origina en el nodo sinusal. No suele estar asociado a cardiopatía estructural.
   - **Enfermedad del seno**: su definición es electrocardiográfica. Dentro de este concepto se contempla la bradicardia sinusal inapropiada, los paros sinusales o bloqueos sinoauriculares y el síndrome de bradicardia-taquicardia.
2. Bradicardias secundarias a alteración en la conducción del impulso:
   - De la conducción sino-atrial
   - De la conducción AV:
     - **BAV de 1er grado**. Se produce un retraso en la conducción del NAV. Suelen ser asintomáticos. En el ECG se observa un PR > 0.20 sg
     - **BAV de 2º grado**. En este caso algunos impulsos conducen y otros no. Aquí diferenciamos 2 tipos:
       - **Tipo Mobitz I** o de Wenckebach: prolongación progresiva del intervalo PR hasta que una P no va seguida de QRS. Suelen ser transitorios.
       - **Tipo Mobitz II**: PR es constante, puede estar alargado o no, hasta la pérdida de un latido ventricular. Su pronóstico es desfavorable y puede dar lugar a un BAV completo.
     - **BAV de 3er grado o BAV completo**. Existe disociación AV
       - Suprahisiano: QRS estrecho y frecuencia de escape ventricular de 40-60 lpm.
       - Infrahisiano: QRS ancho y frecuencia de escape ventricular <40lpm

- **Atropina (clase IIa)**
    - Tratamiento de primera línea en la bradicardia sintomática aguda. La dosis recomendada es de 0,5 mg, cada 3-5 minutos hasta la dosis máxima de 3 mg. Si el paciente no responde a la atropina estaría indicado el uso de marcapasos transcutáneo. Si no existe la posibilidad del marcapasos o éste no fuera eficaz se pueden usar fármacos de segunda línea como la adrenalina o la dopamina.
    - Puede ser beneficiosa en bradicardias por bloqueos AV aunque el tratamiento del bloqueo AV de 2º grado Mobitz II y de 3er grado es el marcapasos.
    - Puede ser utilizada con precaución en trasplantados cardiacos (aunque posiblemente no sea efectiva dado que el corazón transplantado carece de inervación vagal) y en pacientes que presenten SCA, ya que el aumento de frecuencia puede aumentar la zona de isquemia.

- **Marcapasos transcutáneo (clase I)**
    - Es el tratamiento de elección en pacientes inestables, en particular en las bradicardias por bloqueo AV de alto grado (Mobitz II y 3er grado), o si no hay respuesta a la atropina.
    - Limitaciones:
        - dolor (lo que requiere de analgesia y sedación)
        - verificar la captura mecánica efectiva (espiga de marcapasos y pulso arterial) y reevaluar al paciente (si los síntomas circulatorios no mejoran, la bradicardia no es la causa).

Procedimiento

1.- Sedación y analgesia: **fentanilo (**1-2 µg/kg), **midazolam** (0,05 – 0,1 mg/kg en bolo)

2.- Colocar los electrodos del marcapasos; existen dos opciones:

-Antero-posterior (5º EIC paraesternal izquierdo y en zona infraescapular izquierda). Ver Imagen 1.

-Posición de desfibrilación (infraclavicular derecho – lateral izquierdo)

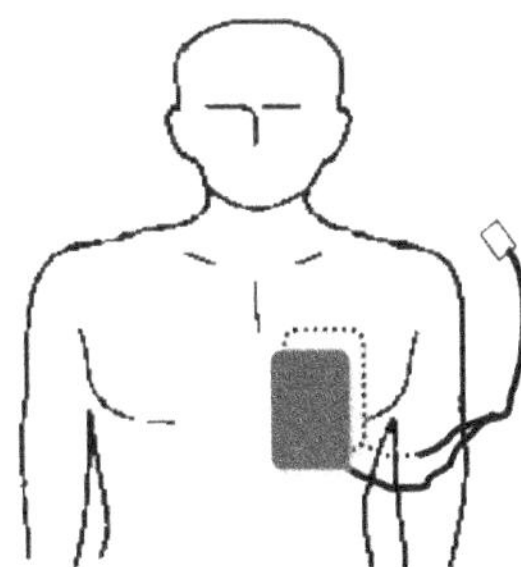

Imagen 1. Colocación anteroposterior

3.- Encender el monitor en modo de marcapasos y presionar modo "sync".

4.- Ajustar la frecuencia a 60-80 lpm.

5.- Comenzar con 60 mA y aumentar progresivamente la corriente hasta 200 mA o hasta que el monitor detecte captura eléctrica (caracterizado por una espiga de marcapasos seguida de un QRS ancho y onda T ancha). Comprobar captura mecánica, detectando el pulso femoral o carotídeo.

- **Otras drogas (clase IIb)**

No son agentes de primera línea en el tratamiento de la bradicardia sintomática pero se pueden considerar cuando la bradicardia no responde a atropina o en espera de un marcapasos.

- **Epinefrina**: comenzar con una perfusión de 2-10 μg/min, diluyendo 1 mg en 100 de SF (6-60 ml/h). (Anexo III)
- **Dopamina**: tiene efecto α y β adrenérgico. Se comienza con una perfusión de 2-10 μg/kg/min (Anexo III). Ajustar la dosis según los efectos en el paciente. Se puede administrar sola o acompañando a la epinefrina.
- **Glucagón**: indicado en sobredosis por β bloquentes o calcioantagonistas que no responden al tratamiento con atropina, a una dosis inicial de 0,1 mg/kg IV en 3 min (máximo 10 mg) seguido, si fuera necesario, de una perfusión a 0,07mg/kg/h (0,04 mg/kg/h en el caso de un niño).

Algoritmo Bradicardia:

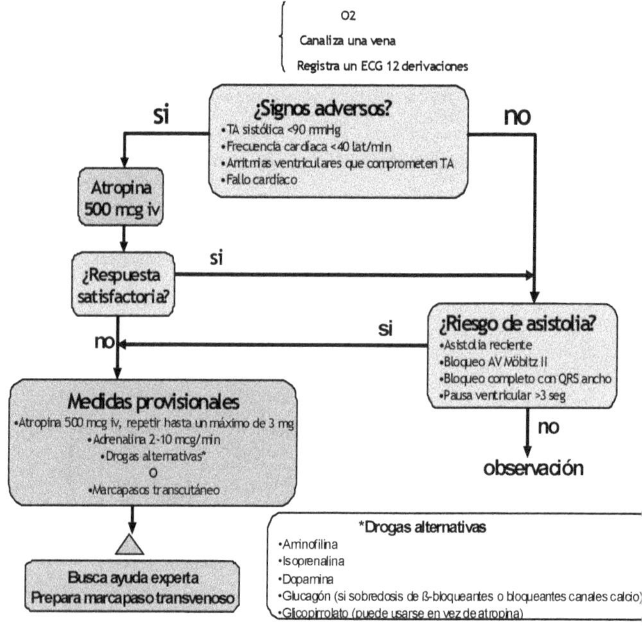

TAQUICARDIA

Concepto.

La taquicardia se define como el trastorno del ritmo cardiaco con una frecuencia cardiaca > 100 latidos/minuto.

Clasificación

Según el ritmo y la amplitud del QRS:

Taquicardias de QRS estrecho

Regulares

1. QRS estrecho (QRS <0.12 segundos taquicardia sinusal)
2. Por reentrada del nodo AV (TRNAV, el tipo más común de TSV)
3. Por reentrada AV (TRAV ortodrómica, secundaria al síndrome WPW)
4. Flutter auricular con conducción AV regular (habitualmente 2:1)

Irregulares

1. Fibrilación auricular (FA)
2. Flutter auricular con conducción AV irregular

Taquicardias de QRS ancho

1. Ventricular
2. Supraventricular con conducción aberrante
3. Por síndrome de preexcitación. Taquicardia por reentrada AV. (TRAV antidrómica).
4. Ritmo idioventricular acelerado (RIVA)

Diagnóstico de sospecha.

Taquicardias regulares de QRS ESTRECHO:

-*Taquicardia sinusal*: respuesta fisiológica común a estímulos como el ejercicio o la ansiedad, pero también secundaria en casos de dolor, fiebre, anemia, pérdida de sangre o fallo cardíaco.

-*Taquicardia por reentrada intranodal* (TRIN, el tipo más común de TSV): La TRNAV es el tipo más común de TSV paroxística, con frecuencias cardíacas habitualmente bastante por encima del típico rango de las sinusales en reposo (60-120 lat/min) y sin actividad auricular visible en el ECG. Poco frecuente en la situación periparada y no suele asociarse a patología cardíaca. Normalmente benigna, salvo cardiopatía asociada.

-*Taquicardia por reentrada AV* (TRAV ortodrómica, secundaria al síndrome WPW): habitualmente también es benigna salvo que se de sobre un daño estructural cardíaco añadido. El tipo común de TRAV es una taquicardia regular de complejo estrecho que también frecuentemente no tiene actividad auricular visible en el ECG. Frecuencia entre 170-200 lpm con una relación AV 1:1. Se pueden identificar ondas P retrógrada tras QRS.

-*Flutter auricular con conducción AV regular (frecuentemente bloqueo 2:1)* produce una taquicardia regular de complejo estrecho en la cual puede ser difícil ver actividad auricular e identificar las ondas de flutter con certeza, por lo que puede ser indistinguible inicialmente de la TRNAV y la TRAV. Cuando el flutter auricular con bloqueo de conducción 2:1 o incluso 1:1 se acompaña de bloqueo de rama, produce una taquicardia regular de complejo ancho que normalmente será muy difícil de distinguir de una TV; el tratamiento de este ritmo como si fuera una TV será habitualmente efectivo, o enlentecerá la respuesta ventricular permitiendo la identificación del ritmo. El flutter auricular más típico tiene una frecuencia auricular de 300 lat/min, por lo que en un flutter auricular con bloqueo 2:1 tenderá a producir una taquicardia de cerca de 150 lat/min. Frecuencias mucho más rápidas (170 lat/min o más) es poco probable que se deban a flutter auricular con bloqueo 2:1.

Taquicardias IRREGULARES de QRS estrecho (QRS <0.12 segundos):

-*Fibrilación auricular con respuesta ventricular rápida:* la arritmia más frecuente de la práctica clínica. Se caracteriza por ritmo auricular rápido (>300 lpm) y desordenado, siendo la frecuencia ventricular igualmente rápida e irregular (salvo bloqueo AV o tratamiento).

-*Flutter auricular con conducción AV irregular*

Taquicardias de QRS ancho (QRS > 0.12 segundos):

-*Taquicardia ventricular:* sucesión de al menos 3 latidos con una frecuencia superior a 100 lpm, originados por debajo de la bifurcación del haz de His.

-*Taquicardia supraventricular con conducción aberrante.*

-*Síndrome de preexitación. Taquicardia por reentrada AV.* (TRAV antidrómica). Se produce un fenómeno de reentrada con conducción anterógrada por una vía accesoria y conducción retrógrada por el nódulo AV.

-RIVA (ritmo idioventricular acelerado): se presenta en general, en el contexto de un IAM inferio o tras fibrinólisis. Se caracteriza por 3 o más complejos ectópicos consecutivos por debajo de la bifurcación del Haz de Hiss y con una frecuencia que oscila entre 50 y 120 lpm. Se debe a un automatismo aumentado.

EVALUACIÓN

- En todo paciente con sospecha de alteración del ritmo debemos aplicar soporte respiratorio, acceso venoso y realizar ECG con tira de ritmo.

- Debemos valorar la repercusión hemodinámica de dicha arritmia (nivel de conciencia, TA, $SatO_2$, signos de insuficiencia cardiaca, presencia de angor...) así como posibles causas reversibles de la misma.

- Toda taquiarritmia con repercusión hemodinámica se considera una urgencia vital y por lo tanto debe abordarse con rapidez y determinación.

Manejo y tratamiento:

Dividiremos el tratamiento, en un primer lugar, en dos grandes bloques, en función de la estabilidad hemodinámica del paciente.

Paciente hemodinámicamente inestable=
CARDIOVERSION SINDRONIZADA

Pasos a seguir:

- **Preparar al paciente** (O_2, vía IV, monitorización) y reservar equipo de IOT/ aspirador.

- **Sedación y analgesia**: midazolam (0,05 - 0,1 mg/kg), etomidato (0,2-0,6 mg/kg), propofol (0,3 mg/kg), fentanilo (0,7 - 2 μg/kg), morfina (0,1 mg/kg), meperidina (25-100 mg).

- **Adoptar el modo "sincronizado"** (Sync) siempre tras cada descarga. Buscar los marcadores sobre las ondas R. Si es necesario ajusta la ganancia del monitor hasta que los marcadores "sync" coincidan con cada onda R.

- Seleccionar **el nivel de energía** adecuado. En todas las taquiarritmias tanto de QRS ancho como estrecho, se debe comenzar con una dosis de energía de 100J (excepto en TPSV y flutter auricular que suelen responder a niveles más bajos de energía y se puede comenzar con 50J) e ir subiendo paulatinamente a 200J, 300J y 360J.

Paciente hemodinámicamente estable: preguntarse si el QRS es estrecho o ancho y si el ritmo es regular o irregular.

Taquicardia QRS estrecho regular

- Empezar con **maniobras vagales**:

  - Masaje del seno carotídeo (NO si sospecha de soplo carotídeo) ó

  - Maniobra de Valsalva (soplar en una jeringa de 20 ml con suficiente fuerza para mover el émbolo). Registrar un ECG (preferiblemente de múltiples derivaciones) durante cada maniobra. Si el ritmo es un flutter auricular, el enlentecimiento de la frecuencia ventricular que frecuentemente ocurrirá permitirá ver las ondas de flutter).

- Si la taquicardia persiste y no es un flutter, usar **adenosina.**

  - Advertir de efectos colaterales transitorios (náuseas, calor...)

  - Administrar en bolos rápidos cada 1-2 minutos **(6mg -12 mg -12mg) +** bolos de SF, excepto en corazones denervados o pacientes en tratamiento con dipiridamol o carbamazepina, en cuyo caso la dosis es de **3 mg.**

  - Registrar un ECG durante cada inyección, para ver posibles ondas F típicas de flutter (se enlentecerá la frecuencia ventricular, pero no cederá la taquicardia)

  - Contraindicada en EPOC, asma y en asociación con dipiridamol.

  - No administrar adenosina en presencia de síndrome de preexcitación (WPW).

  - Seguro en embarazadas.

- Si la adenosina está contraindicada o fracasa sin demostrar que es un flutter auricular, dar **verapamilo** (0,075-0,15 mg/kg). Dosis usual de 5-10 mg diluidos a la mitad en SF en bolo lento (2 min). Su acción comienza a los 3-5 minutos. En ausencia de una respuesta terapéutica o de evento adverso inducido por drogas, dar dosis repetidas cada 15-30 min hasta un máximo de 20 mg.

La supresión con éxito de una taquiarritmia con maniobras vagales o adenosina indica que ciertamente era una TRNAV o una TRAV y su fracaso sugiere existencia de un flutter auricular. Monitoriza al paciente para ver posteriores anormalidades del ritmo. Trata las recurrencias ya sea con más adenosina o con una droga de larga acción que bloquee el nodo AV (ej: diltiazem o β-bloqueante)

Taquicardia QRS estrecho irregular

Una taquicardia irregular de complejo estrecho es más probable que sea una **FA** con una respuesta ventricular incontrolada o, menos frecuentemente, un flutter auricular con un bloqueo AV variable. Si no hay signos adversos, las opciones de tratamiento incluyen:

- control de la frecuencia con fármacos
- control del ritmo usando drogas para forzar la cardioversión química
- control del ritmo con cardioversión eléctrica
- tratamiento para prevenir complicaciones (ej: anticoagulación)

Cuanto más tiempo permanezca el paciente en FA, más riesgo de desarrollar un trombo auricular. En general, una FA de más de 48 h **no** debería ser cardiovertida (eléctrica o químicamente) hasta recibir anticoagulación completa o demostrarse la ausencia de trombo auricular por ECO transesofágica.

En líneas generales la actitud a seguir será:

FA< 48h de evolución: cardioversión química

Si **ausencia de cardiopatía estructural** significativa, o sea, toda cardiopatía estructural salvo la cardiopatía hipertensiva con hipertrofia ventricular leve-moderada (<14 mm) y el prolapso mitral sin insuficiencia valvular. Los fármacos de primera línea son los antiarrítmicos clase IC (propafenona y flecainida) y antiarrítmicos clase III (amiodarona):

- **Propafenona** 1,5-2 mg/kg en 20 min. Continuar con dosis de 30-60 mg/h en SG5%. Dosis máxima 300 mg/8h. Contraindicado en ICC, shock, BAV, cardiopatía isquémica e hipotensión. Efectos adversos: hipotensión y flutter 1:1

- **Flecainida** 2 mg/kg en 100cc de SG5% en 10 minutos. Contraindicado en TV y cardiopatía isquémica. Mismos efectos adversos que propafenona.

- **Amiodarona** 5-7 mg/kg. Diluir 300 mg en 100cc de SG5% a pasar en 20 minutos. Después continuar con 300 mg en 250 cc de SG5% a pasar en 4h. Por último, diluir 600 mg en 500cc de SG5% a pasar en 20h. Dosis total en infusión tras bolo inicial: 1200 mg. Efectos adversos: hipotensión arterial, TV por torcida de puntas (infrecuente), alteraciones gastrointestinales y tiroideas en tratamientos a largo plazo.

En pacientes **con cardiopatía estructural** estaría indicado **amiodarona** (clase III)

Si algún paciente con FA se sabe o se encuentra que tiene una preexcitación ventricular (síndrome de WPW) hay que evitar el uso de adenosina, diltiazem, verapamilo o digoxina dado que estas drogas bloquean el nodo AV y causan incremento relativo en la preexcitación. Aquí estaría indicado el uso de amiodarona. La cardioversión eléctrica es habitualmente la opción de tratamiento más segura.

FA > 48h de evolución: Control de FRECUENCIA CARDÍACA

- Descartar ICC por estar limitados los fármacos inotropos negativos en dicho caso (β-bloqueantes y antagonistas del calcio).
- En caso de ICC: tratar la IC + digoxina; y si no existe control, asociar diltiazem

FÁRMACOS QUE DISMINUYEN LA FRECUENCIA CARDÍACA:

- **Digoxina:** comenzar con una dosis de 0,5mg IV en bolo. Repetir dosis de 0,25 mg/4-6h hasta 1-1,5 mg en 24 h. Si insuficiencia renal, disminuir la dosis. Contraindicado en enfermedad del seno, bloqueo AV y miocardiopatía hipertrófica.

- **β-bloqueantes**: ↓ los efectos de las catecolaminas circulantes y de FC/TA. Tienen efectos cardioprotectores en SCA. Contraindicados en ICC, pacientes con enfermedad pulmonar, bloqueo AV y bradicardia.

    - El **atenolol** ($beta_1$) a dosis de 2,5 mg IV en bolo lento (1mg/min). Repetir a los 5-10 min, si la primera dosis fue bien tolerada, hasta un máximo de 10 mg.

    - El **metoprolol** ($beta_1$) se da en dosis de 2-5 mg a intervalos de 5 min hasta un total de 15 mg.

    - El **propanolol** ($beta_1$ y $beta_2$) a razón de 0,1 mg/kg, se da lentamente en tres dosis iguales a intervalos de 2-3 min. El ritmo de administración no debería exceder de 1mg/min. Su acción comienza a los 5 minutos.

    - El **esmolol** ($beta_1$ selectivo de acción corta) a dosis inicial de 0,5 mg/kg durante 1 min, seguido de una infusión de 0,05mg/kg/min durante 4 minutos (0,2 mg/kg). Si aun así es insuficiente, añadir un segundo bolo de 0,5 mg/kg durante 1 minuto subiendo la perfusión a 0,1 mg/kg/min. Es el β-bloqueante más idóneo en atención extrahospitalaria, por su corta vida media

- **Diltiazem** dosis de 0,25 mg/kg. Dosis media de 20 mg en bolo lento. Se puede repetir segunda dosis a los 15 minutos de 0,35 mg/kg. La combinación de un bolo de diltiazem junto con 1 bolo de 0,5 mg de digoxina, seguidos de de 2 dosis de 0,25 mgr de digoxina a las 2h y las 4 h es más efectivo que el uso único de diltiazem. La segunda y la tercera dosis de digoxina será aplazada si el ritmo ventricular es inferior a 60 lpm. El diltiazem actúa de forma más rápida y el descenso del ritmo ventricular es más alto que el del metoprolol. Contraindicado en ICC, hipotensión bloqueo A-V, choque, enfermedad del seno.

> Desde un punto de vista práctico, la actitud a seguir en el fluter auricular es similar al de la FA. Únicamente tener la consideración que los antiarritmicos IC SIEMPRE deben asociarse a fármacos frenadores del nodo (calcio antagonistas y digoxina) para evitar el conocido "Fluter IC" (conducción 1:1 a nivel AV)

Taquicardia QRS ancho regular:

- Pensar en una taquicardia ventricular (TV) o una taquicardia supraventricular (TSV) con conducción aberrante.

- Inicialmente toda taquicardia de QRS ancho regular debe considerarse y tratarse como TV, mientras no se demuestre lo contrario.

- Diagnóstico diferencial entre TV y TSV con conducción aberrante. Sugieren un origen ventricular:

  1.- La existencia de un cambio significativo en el eje al comparar el QRS de la taquicardia con el QRS basal (si disponemos de ECG).

  2.- Si el QRS de la taquicardia no coincide con el patrón típico de bloqueo de rama.

  3.- Si hay isquemia miocárdica previa.

  4.- Disociación AV.

  5.-Latidos de fusión o latidos capturados.

- Ante una TV el tratamiento será:

  - **Amiodarona** diluir 300mg en 100 cc de SG5% a pasar en 20 minutos. Después continuar con 300 mg en 250 cc de SG5% a pasar en 4h. Por último, diluir 600 mg en 500 cc de SG5% a pasar en 20h.

  - **Lidocaina** si se presenta en el contexto de IAM en fase aguda. Bolo de 1-2 mg/kg. Si no cede repetir a los 5 minutos. Continuar con una perfusión de 1-5 mg/min (400 mg en 100 cc de SG5% o SSF).

- En el caso de encontrarnos ante una TSV con conducción aberrante el tratamiento será el mismo que el de una TSV de QRS estrecho: maniobras vagales, adenosina...

- En el caso de encontrarnos ante un RIVA: No suele requerir tratamiento. Si la situación clínica lo precisa, es útil aumentar la frecuencia con atropina o con marcapasos.

Taquicardia de QRS ancho irregular:

Debemos pensar en:

1. FA con conducción aberrante (con bloqueo de rama). Es la taquicardia más probable. El tratamiento consistirá en tratar la FA.

2. FA con preexcitación ventricular (en pacientes con WPW). Hay más variación en la apariencia y amplitud de los complejos QRS que en una FA con bloqueo de rama. En el tratamiento evita adenosina, digoxina, verapamilo y diltiazem. Estas drogas bloquean el nodo AV y causan un aumento relativo de la preexcitación. La cardioversión eléctrica es habitualmente la opción de tratamiento más segura. También se puede usar la amiodarona en las mismas dosis usadas para la cardioversión de FA.

3. TV polimorfa. Aquí va variando la morfología del QRS latido a latido. El tratamiento consistirá en suspender todas las drogas conocidas que prolongan el intervalo QT. Corregir las anormalidades electrolíticas, especialmente la hipokaliemia.

    - En la fase aguda el tratamiento es dar **sulfato de magnesio** 2 g IV durante 10 min (se puede dar un segundo bolo si recidiva la TV) seguida de una perfusión de 2-4 mg/min.

    - Si sospecha de síndrome QT largo inducido por fármacos asociado a bradicardia previa, el tratamiento sería el acortamiento del intervalo QT aumentando, para ello, la frecuencia cardiaca con bolos de **atropina** 0,5 mg IV o con **isoproterenol** (2 mg en 500 cc de SG5% a 1,5 ml/min) hasta conseguir una frecuencia entorno a los 100 lpm.

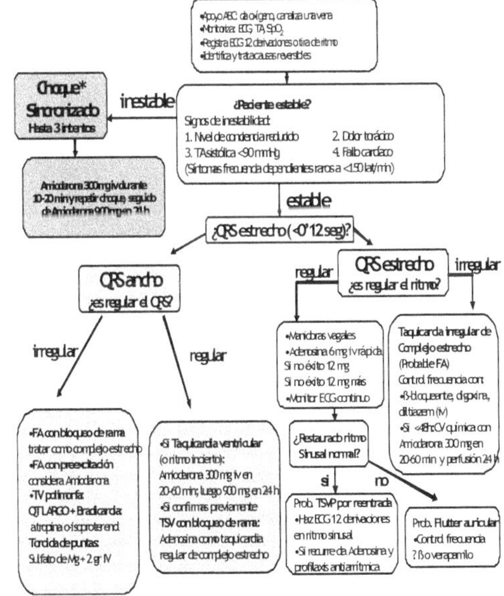

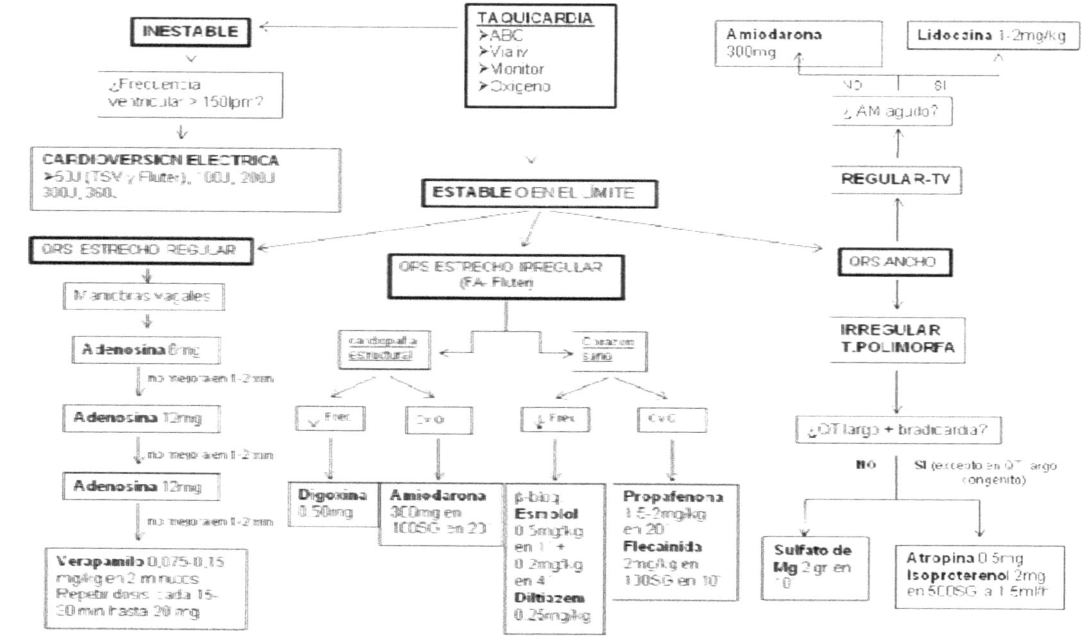

TAQUICARDIA
➤ABC
➤Vía iv
➤Monitor
➤Oxígeno
INESTABLE
¿Frecuencia ventricular > 150lpm?
CARDIOVERSIÓN ELÉCTRICA
➤50J (TSV y Flutter), 100J, 200J 300J, 360.
ESTABLE O EN EL LÍMITE
QRS ESTRECHO REGULAR
Maniobras vagales
Adenosina 6mg
no mejora en 1-2 min
Adenosina 12mg
no mejora en 1-2 min
Adenosina 12mg
no mejora en 1-2 min
Verapamilo 0,075-0,15 mg/kg en 2 minutos Repetir dosis cada 15-30 min hasta 20 mg
QRS ESTRECHO IRREGULAR (FA- Flutter)
Cardiopatía estructural
Corazón sano
Digoxina 0.50mg
Amiodarona 300mg en 100SG en 20'
β-bloq Esmolol 0.5mg/kg en 1' + 0.2mg/kg en 4' Diltiazem 0.25mg/kg
Propafenona 1.5-2mg/kg en 20' Flecainida 2mg/kg en 100SG en 10'
QRS ANCHO
REGULAR R-TV
¿AM agudo?
NO
SI
Amiodarona 300mg
Lidocaína 1-2mg/kg
IRREGULAR T.POLIMORFA
¿QT largo + bradicardia?
NO
SI (excepto en QT largo congénito)
Sulfato de Mg 2 gr en 10'
Atropina 0.5mg Isoproterenol 2mg en 500SG a 1.5ml/h

Bibliografía.

- ACC/AHA/ESC Fuster V, Ryden LE, Asinger RW et al.: Guía de práctica clínica 2006 para el manejo de pacientes con fibrilación auricular. Rev Esp Cardiol. 2006;59(12):1329.e1- e64.
- Nolan JP et al. Adult advanced life support-European Resuscitation Council (ERC) Guidelines for Resuscitation. *Resuscitation* 2005; 67S1, S39-S86
- American Heart Association. Management of symptomatic bradycardia and tachycardia. Circulation 2005; 112 [Suppl I]: IV- 67-IV-77
- Wattanasuwan N, Khan IA, Mehta NJ, et al. Acute ventricular rate control in atrial fibrillation: IV combination of diltiazem and digoxin vs. IV diltiazem alone. Chest 2001;119:502—6.
- Demircan C, Cikriklar HI, Engindeniz Z, et al. Comparison of the effectiveness of intravenous diltiazem and metoprolol in the management of rapid ventricular rate in atrial fibrillation. Emerg Med J 2005;22:411—4.
- Sticherling C, Tada H, Hsu W, et al. Effects of diltiazem and esmolol on cycle length and spontaneous conversion of atrial fibrillation. J Cardiovasc Pharmacol Ther 2002;7:81—8.
- Key Issues in the Management of Atrial Fibrillation - Protecting the Patient and Controlling the Arrhythmia. SMM Jenkins, FG Dunn - Scottish medical journal, 2007 - smj.org.uk. Department of Cardiology, Stobhill Hospital, Balornock Road, Glasgow, G21 3UW

Capítulo 8.

EDEMA AGUDO DE PULMÓN.

A Sancho Pellicer, S Salcedo de Dios, J Martínez Tofé, S Arracó Castellar.

EDEMA AGUDO DE PULMÓN

Concepto.

El edema agudo de pulmón (EAP) se define como el cuadro clínico secundario a insuficiencia aguda del ventrículo izquierdo, con el consiguiente aumento del contenido líquido en el intersticio y el alvéolo pulmonares. Puede ir asociado a insuficiencia de ventrículo derecho.

Diagnóstico de sospecha.

En la anamnesis destaca:

- Disnea de aparición brusca o progresiva.
- Ortopnea.
- Disnea paroxística nocturna.
- Tos con expectoración sonrosada, a veces hemoptoica.
- Disminución de la diuresis (oligoanuria).
- Diaforesis profusa.

En la exploración encontraremos:

- Mal estado general. Taquipnea y tiraje.
- Signos de bajo gasto cardíaco:
    - Hipotensión arterial.
    - Sudación excesiva.
    - Frialdad cutánea.
    - Cianosis periférica.
    - Cuadro confusional.
- Auscultación cardiorrespiratoria:
    - Estertores crepitantes de mediana a gruesa burbuja distribuidos por ambos campos pulmonares.
    - Tercer tono/ritmo de galope.
- Si hay fracaso del ventrículo derecho, veremos signos por aumento de la presión venosa central:
    - Ingurgitación yugular.
    - Hepatomegalia.
    - Reflujo hepatoyugular.
    - Edemas periféricos

Clínicamente podemos usar la clasificación de Killip (ver capítulo del SCA) o la de Forrester modificada:

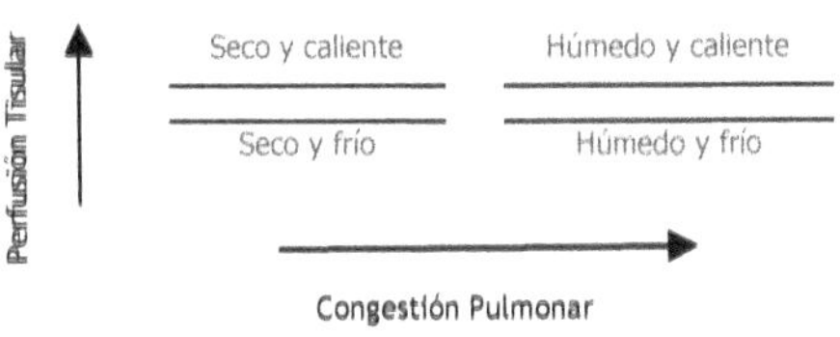

Manejo y tratamiento:

- Colocar al paciente en sedestación y con las piernas colgando para disminuir el retorno venoso.
- Monitorizar: TA, FC, FR, ritmo cardíaco y $SatO_2$
- Canalizar acceso venoso periférico del mayor calibre posible (mejor dos vías) y perfundir SSF o SG5% de mantenimiento (7 gotas/min). Extracción de analítica básica (bioquímica, hemograma y coagulación).
- Sondaje vesical para valorar la efectividad del tratamiento instaurado, para medición de diuresis y balance hídrico.
- Administrar oxígeno (clase IC) a alto flujo mediante mascarilla tipo Venturi (Ventimask®) al 50% o mascarilla con reservorio en concentraciones mayores, para mantener $SatO_2$>92%, excepto en EPOC, donde se valorarán flujos menores 3 - 4 l/ min (24%).
- Ventilación mecánica no invasiva (VMNI) (Ver Anexo IX): clase IIa B; útil en el EAP cardiogénico o en insuficiencia cardíaca aguda hipertensiva por mejorar la sintomatología, el trabajo respiratorio y la función del VI por reducir la poscarga del mismo. Con precaución en el shock cardiogénico y en la insuficiencia ventricular derecha.
  - Se iniciará con PEEP de 5-7,5 cm H_2O, que se aumentará de forma gradual en dependencia de la respuesta clínica hasta los 10 cm H_2O. La FiO_2 será >0,4.
  - Duración de 30 min/hora hasta mejoría mantenida de la disnea y $SatO_2$ sin aplicación de CPAP (presión positiva continua en la vía aérea).
- De forma individualizada se valorará intubación si el oxígeno administrado con mascarilla o con VMNI no es lo más adecuado y con estos criterios:
  - En ausencia de EPOC:
    - hipoxia refractaria PaO_2<50 mmHg y $SatO_2$<90 % con FiO_2 de 50%
  - En EPOC:
    - PaO_2<35 - 40 mmHg y pH<7.10
    - Acidosis respiratoria progresiva (pH<7.20, $PaCO_2$>45).
    - Trabajo respiratorio excesivo con FR>40 rpm.
  - Ajustar parámetros de ventilación mecánica (VM), teniendo en cuenta que se trata de un patrón restrictivo (ver Anexo V).

Si el paciente está **NORMOTENSO**:

- **Furosemida** IV (clase IB) a dosis mínima de 40 mg (0.5 - 1 mg/kg). Se puede repetir a los 20 minutos una dosis adicional de 20 - 40 mg. Puede usarse perfusión continua de entrada en pacientes con sobrecarga de volumen y si hay tratamiento previo con diuréticos, a dosis de 5-40 mg/h. Sin embargo es preferible la administración en bolos a dosis altas. La dosis total será <100 mg en las primeras 6 horas.
- **Cloruro mórfico** IV a dosis de 4 mg a ritmo de 2mg/min, repitiéndola cada 5-10 min, hasta alcanzar la dosis de 15 mg. Precaución en el EPOC, hipotensión o bradicardia. Indicado si disnea, agitación, ansiedad o dolor. No hay evidencias.
- **Nitroglicerina** IV en perfusión (clase IB) diluyendo 50 mg en 490 ml de SG5%:

- Comenzar a 10-20 µg/min (6-12 ml/h) subiendo 5-10 µg/min (3-6 ml/h) cada 3-5 minutos hasta:
    - Alcanzar dosis máxima (10 mg/h=40 ml/h)
    - Mejoría clínica
    - TAS < 90 mmHg.
- Contraindicado si TAS < 90 mmHg, bradicardia menor de 50 lpm, imagen de isquemia de ventrículo derecho.

- Si FA con ritmo ventricular rápido en ausencia de IAM e hipotensión, administrar **digoxina** IV:
  - Si no toma digoxina; a dosis de 0,5 mg IV en 10 ml de SSF en 10 - 20 min, seguidos de 0,25 mg IV a las 4-6 h.
  - Si tomaba digoxina; a dosis de 0,25 mg IV.
  - Descartar, previamente, intoxicación con digital.
- Si signos de bajo gasto cardíaco, hipoperfusión o congestión a pesar del tratamiento con vasodilatadores y/o diuréticos, valorar **dopamina** (clase IIbC) en perfusión iv (200 mg + 90 ml SF→2mg/ml→2000 µg/ml):
  - Empezar a 5 µg/kg/min y subir progresivamente hasta 20 µg/kg/min.

	5 µg/kg/min	**10**	**15**	**20**
40 kg	6 ml/h	12 ml/h	18 ml/h	24 ml/h
50 kg	8	15	23	30
60 kg	9	18	27	39
70 kg	11	21	32	42
80 kg	12	24	36	48
90 kg	14	27	41	54
100 kg	15	30	45	60

  - Efectos: a bajas dosis (0,5-2 µg/kg/min) estimula receptores dopaminérgicos renales, y aumentan el flujo sanguíneo cortical renal y la diuresis. A dosis de 5 µg/kg/min tiene efecto inotrópico (aumento de las resistencias vasculares periféricas, de la FC y de la TA y, en consecuencia, de la demanda miocárdica de oxígeno).
- **Dobutamina** (clase IIa B) está indicada en el EAP (en ausencia de hipotensión grave) cuando persista la inestabilidad hemodinámica a pesar de la perfusión de dopamina en dosis máximas.
  - Dilución: 250 mg+230 ml SF→1 mg/ml→1000 µg/ml; comenzar a 2-3 µg/kg/min y subir progresivamente hasta un máximo de 20 µg/kg/min. Control de la TA ya que puede provocar una hipotensión grave (<80 mmHg) que obligue a suspenderla.

	5 µg/kg/min	**10**	**15**	**20**
40 kg	12 ml/h	24 ml/h	36 ml/h	48 ml/h
50 kg	15	30	45	60
60 kg	18	36	54	72

70 kg	21	42	63	84
80 kg	24	48	72	96
90 kg	27	54	81	108
100 kg	30	60	90	120

- Potente fármaco inotrópico que ocasiona un gran aumento del volumen minuto sin aumento de la frecuencia cardíaca ni del consumo miocárdico de oxígeno, y disminuye también las resistencias vasculares pulmonares. Tiene menor potencial arritmogénico que la dopamina, careciendo de su acción vasodilatadora sobre el territorio vascular renal.

Si el paciente está **HIPERTENSO** (TAS >160 y /o TAD > 110 mmHg):

- Utilizar los mismos fármacos anteriores para disminuir la TA en 15 - 20 min
- Valorar **nitroprusiato sódico** en caso de EAP secundario a emergencia hipertensiva, insuficiencia mitral severa aguda o insuficiencia aórtica severa aguda.
  - Dosis: 0,5-5 µg/kg/min. Diluir 50 mg en 50 cc SG5% → 1mg/ml → 1000 µg/ml.

	50 kg	60	70	80	90	100
0,5 µg/kg/min	1'5 ml/h	1'8	2'1	2'4	2'7	3
1 µg/kg/min	3	3'6	4'2	4'8	5'4	6
2 µg/kg/min	6	7'2	8'4	9'6	10'8	12
3 µg/kg/min	9	10'8	12'6	14'4	16'2	18
4 µg/kg/min	12	14'4	16'8	19'2	21'6	24
5 µg/kg/min	15	18	21	24	27	30

Si el paciente está **HIPOTENSO** (TAS < 80 mmHg)

- Contraindicado el uso de nitroglicerina y dobutamina.
- Usar con precaución la furosemida.
- Utilizar **dopamina** a las dosis ya indicadas. Incrementar su dosificación hasta mejorar la tensión arterial o conseguir la producción de orina.

Aplicar tratamiento etiológico en el caso de que se sepa la causa o desencadenante (alteraciones del ritmo cardíaco, síndrome coronario agudo, traumatismos torácicos...)

Derivación y traslado.

Proceder al traslado en UME con preaviso hospitalario, según criterios:

A-Criterios de ingreso en UCI:

- Necesidad de intubación y ventilación mecánica.
- EAP sin mejoría tras tratamiento inicial, a los 20-30 minutos de comenzar el mismo.
- IC grave sin mejoría tras tratamiento inicial (a los 20-30 minutos).
- IC grave y estenosis aórtica o miocardiopatía hipertrófica.

B-Criterios de ingreso en planta:

- EAP e IC grave con mejoría tras tratamiento inicial de Urgencias.
- IC moderada con:
  - Sospecha de estenosis aórtica o miocardiopatía hipertrófica.
  - Historia de angor reciente.
  - Conocida con tratamiento adecuado y máximo.
  - IC moderada sin mejoría tras tratamiento de Urgencias.

ALGORITMO TRATAMIENTO INSUFICIENCIA CARDIACA AGUDA Y EAP.

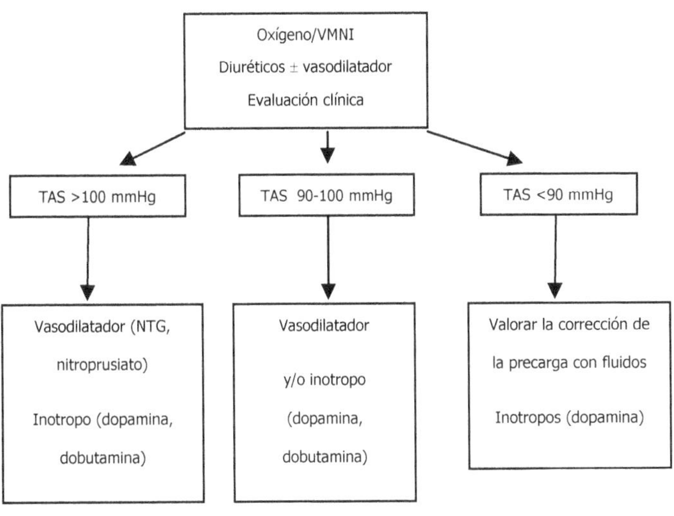

Buena respuesta

Estabilizar e iniciar tratamiento diurético, IECA, betabloqueantes

Mala respuesta

Inotropos

Vasopresor (Noradrenalina)

Apoyo mecánico

- Kenneth Dickstein et al: Guía de práctica clínica de la Sociedad Europea de Cardiología (ESC) para el diagnóstico y tratamiento de la insuficiencia cardíaca aguda y crónica (2008). Grupo de trabajo de la ESC para el diagnóstico y tratamiento de la insuficiencia cardíaca aguda y crónica 2008. Rev Esp Cardiol. 2008; 61(12):1329.e1-1329.e70
- L Jiménez Murillo; FJ Montero Pérez et al: Medicina de Urgencias y Emergencias. Guía Diagnóstica y Protocolos de Actuación. Elsevier 3ª Edición 2006; 15:121; 16:122-127; 17:132-135
- A Julián Jiménez et al: Manual de Protocolos de Actuación en Urgencias. Complejo Hospitalario de Toledo. 2ª Edición 2005; 15:159-167; 20:205-214

Capítulo 9

INSUFICIENCIA RESPIRATORIA AGUDA O CRÓNICA REAGUDIZADA.

F Eizaguerri Bradineras, S Salcedo de Dios, RMª Costa Montañés, P Sorli Latorre

INSUFICIENCIA RESPIRATORIA AGUDA O CRÓNICA REAGUDIZADA

La IRA es la incapacidad del sistema respiratorio para mantener un intercambio gaseoso (oxigenación o ventilación) adecuado y que se instaura en un corto periodo de tiempo.

Desde el punto de vista gasométrico, viene definido por la presencia de: hipoxemia arterial (PaO_2<60 mmHg = $SatO_2$<90%) y/o hipercapnia ($PaCO_2$>45 mmHg = $EtCO_2$>40 mmHg), respirando aire ambiente (FiO_2 0,21) y en reposo.

PaO_2 normal: 85-100 mmHg ⇒ $SatO_2$ ≈95-100%.

$PaCO_2$ normal: 35- 45 mmHg ⇒ $EtCO_2$ 30-40 mmHg

En la IRC agudizada con signos de adaptación los límites son más permisivos:

- PaO_2<45 mmHg. ⇒ $SatO_2$<85%.
- $PaCO_2$>60 mmHg.⇒ $EtCO_2$>55 mmHg

Etiología.

Causas más frecuentes de hipoxemia:

- Desequilibrios del cociente ventilación/perfusión (V/Q): EPOC, asma, TEP... Sin duda los más habituales
- Shunt intrapulmonar: EAP, neumonía, hemorragia intrapulmonar, atelectasias...

Causas más frecuentes de hipercapnia:

- Alteraciones graves del cociente V/Q.
- Hipoventilación alveolar: obstrucción de la VA, alteraciones neuro-musculares...

Clasificación Fisiopatológica.

IRA parcial (hipoxémica o tipo I):

- PaO_2<60 mmHg ($SatO_2$<90%). $PaCO_2$ normal o baja.
- Causa pulmonar: asma, EAP, neumonía, TEP, SDRA, neumopatía intersticial aguda.

IRA global (hipercápnica o tipo II):

- PaO_2<60 mmHg, $PaCO_2$>45 mmHg
- Causas pulmonares: asma, EPOC, patología restrictiva.
- Causas extrapulmonares: depresión del centro respiratorio, patología neuromuscular, deformidad de la caja torácica, trauma torácico, obstrucción de las vías aéreas altas, patología pleural, cardiovascular,...

Clínica.

La valoración de la gravedad ha de ser clínica por el reconocimiento, a través de una exploración básica, de una serie de signos y síntomas derivados de la hipoxia, hipercapnia y las alteraciones del equilibrio ácido-base, ya que aportan más datos que la constatación gasométrica.

SIGNOS DE ALARMA EN IRA GRAVE	
Aspecto general	Ansiedad, inquietud, cianosis.
Estado mental	Agitación, desorientación, confusión, letargia, coma.
Frecuencia y ritmo respiratorio	Bradipnea (<10 resp/min), taquipnea (>35 resp/min), pausas de apnea, boqueadas.
Trabajo respiratorio excesivo	Signos faciales, tiraje, estridor, descenso laríngeo, uso de la musculatura accesoria.
Fatiga muscular	Discordancia toraco-abdominal.
Inestabilidad hemodinámica	Taquicardia, hipotensión, arritmias, hipoperfusión.

Para saber si la oxigenación es adecuada, es muy útil la oximetría arterial (*pulsioximetría*), que nos mide, por medios espectrofotométricos, la saturación arterial de oxígeno, pudiéndose asimilar:

$SatO_2$	**PaO_2**
100%	90 mmHg
90%	60 mmHg
60%	30 mmHg
50%	27 mmHg

Actitud y Manejo Terapéutico.

Los objetivos fundamentales son garantizar la oxigenación tisular ($SatO_2 \geq 90\%$) y mantener un gasto cardiaco adecuado.

- IRA extrema (parada o preparada respiratoria): protocolo de RCP.
- Criterios de gravedad: monitorización, constantes, ECG, analítica y $SatO_2$.

A y B/ Permeabilizar la vía aérea (VA) y oxigenoterapia continua:

- VA sostenible: Hª clínica, exploración física, pruebas complementarias y elevación del tronco 45º.
    - IRA global: mascarilla Venturi al 24%, si a los 30 minutos la $SatO_2$ sigue siendo <85%, incrementar la FiO_2 de manera escalonada, vigilando la aparición de signos de hipercapnia.
    - IRA parcial: mascarilla Venturi al 50%, si persiste la hipoxemia, añadir bolsa reservorio.
    - La eficacia se evalúa por la clínica y la pulsioximetría.
    - El O_2 por encima de una FiO_2 de 0,6 se asocia a fenómenos tóxicos por lo que se impone el concepto de FiO_2 óptima: la menor concentración de O_2 que garantice una $SatO_2$ de al menos el 90%.
- VA no sostenible: IOT, ventilación mecánica controlada, toracocentesis, punción cricotiroidea, cricotiroidotomía, ...

VENTILACIÓN MECÁNICA: Parámetros iniciales:

- Modo ventilatorio: Ventilación controlada (IPPV)
- V_T : 8-10 ml/Kg
- FR: 10-20 resp/min
- FiO_2: 1 (luego la $<$ necesaria)
- Relación I/E: 1/1,5-2
- PEEP: 5-12 cm H_2O (si es necesaria)

Los resultados de la gasometría o los sistemas de monitorización determinarán la necesidad de modificar los parámetros ventilatorios. Básicamente se recomienda:

- Si $PaO_2 < 60$ mmHg / $SatO_2 < 90\%$, aumentar la FiO_2.
- Si $PCO_2 > 47$ mmHg / $EtCO_2 > 40$ mmHg, aumentar la Fr.

Modificaciones según gases:

Pa O_2	Pa CO_2	FiO_2	PEEP	Fr
Baja	Baja	↑	↑	↓
Baja	Baja	↑	No modificar	↑
Alta	Alta	↓	↓	↑
Alta	Baja	↓	No Modificar	↓

Ventilación mecánica según diferentes patologías:

a. *Pacientes con IRA*. Si en estos pacientes se elevan las presiones intrapulmonares por encima de los límites de seguridad, se debe reducir el V_T a 6-8 ml/Kg. (Una discreta hipercapnia controlada es menos perjudicial que el barotrauma o la lesión pulmonar inducida por las altas presiones del respirador).
b. *Pacientes con limitación al flujo espiratorio (Asma, EPOC)*. Se deben seleccionar FR bajas y alargar el tiempo espiratorio (relación I/E 1/3).
c. *Hipoventilación secundaria a enfermedades neuromusculares*. En estos casos, la debilidad de los músculos respiratorios predispone a la aparición de atelectasia y neumonía. Iniciar V_T 12-15 ml/Kg y PEEP 5-10 cm H_2O.
d. En el *EAP cardiogénico*, la VM con PEEP pueden tener un potencial efecto beneficioso, ya que al provocar ↓ del retorno venoso, ↓ la precarga.
e. En la *RCP* debe administrarse un V_T 10-12 ml/Kg insuflado en 2 seg, FR 12-15/min.

C/ Vía venosa: SG5% de mantenimiento u otro fluido, dependiendo de la situación hemodinámica. El gasto cardíaco es un factor no propiamente respiratorio pero que influye tanto como la PO_2 en esta patología.

E/ Tratamiento etiológico y/o sintomático, según las diferentes patologías.

ALGORITMO DE ACTUACIÓN DE LA INSUFICIENCIA RESPIRATORIA AGUDA O CRÓNICA REAGUDIZADA.

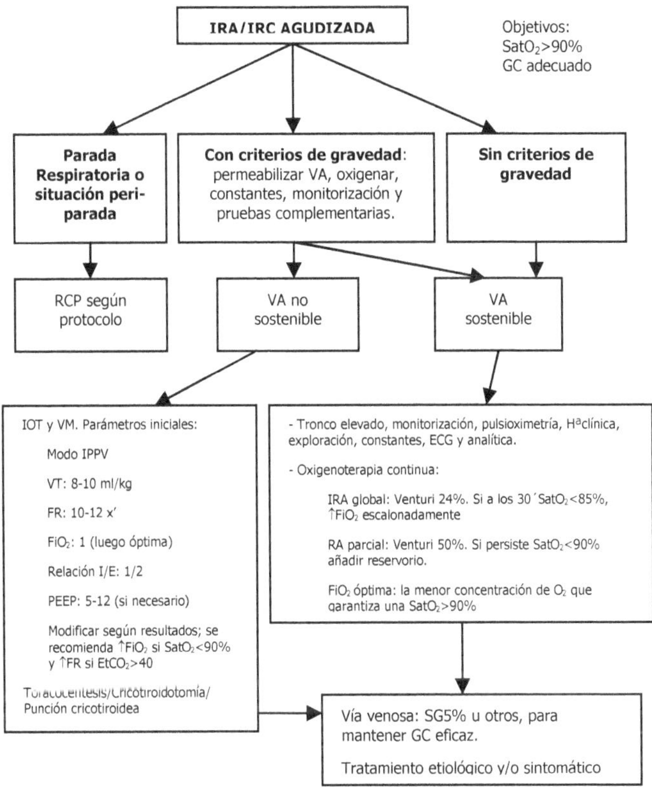

La eficacia del tratamiento se evalúa por la clínica y la pulsioximetría

ASMA BRONQUIAL

Concepto.

Las exacerbaciones del asma (ataques o crisis de asma o asma aguda) son episodios caracterizados por un aumento progresivo de la dificultad para respirar, sensación de falta de aire, sibilancias, tos y opresión torácica, o una combinación de estos síntomas, y esta ocasionada por una obstrucción intensa del flujo aéreo.

Clínica.

Las manifestaciones clínicas más frecuentes son la presencia de sibilancias, disnea, opresión torácica y tos. Durante una agudización los síntomas son muy evidentes, y predomina la dificultad respiratoria. El signo más habitual es la auscultación de sibilancias de predominio espiratorio.

Diagnóstico y Evaluación de Gravedad.

	Crisis leve	**Crisis moderada**	**Crisis grave**	**Parada respiratoria inminente**	**Interpretación**
Pico flujo (l/min)	≥300	150-300	≤150		La medición del pico flujo debe limitarse a casos leves. Nunca intentar medirlo en pacientes con riesgo vital
Disnea	Leve	Moderada	Intensa	Muy intensa	Presente en casi todos los pacientes
Habla	Párrafos	Frases-Palabras	Palabras	No	Difícil de medir. Pobre correlación con la obstrucción
FR	↑	20-30	>30		Menos del 10% de los asmáticos presentan FR>25
FC	≤100	100-120	>120	Bradicardia	Menos del 15% de los asmáticos con crisis graves presentan FC>120
Tiraje	Ausente	Presente	Presente	Movimiento paradójico o incoordinación toraco-abdominal	Indicador de obstrucción grave de la vía aérea y/o fatiga diafragmática

Sibilancias	Al final de la espiración	Generalizadas	Generalizadas	Silencio auscultatorio	Presentes en casi todos los pacientes. Pobre correlación con la obstrucción
Nivel de conciencia	Normal. Puede estar agitado	Generalmente agitado	Generalmente agitado	Confuso, tendencia al sueño	Es un signo tardío
$SatO_2$	≥95%	91-95%	<91		Determina el nivel de hipoxemia. Pobre predictor de respuesta al tratamiento

Factores de riesgo de Asma mortal:

- Historia de asma
    - Episodios previos de ingreso en unidad de cuidados intensivos o intubación/ventilación mecánica
    - Hospitalizaciones en el año previo
    - Múltiples consultas a urgencias/emergencias en el año previo
    - Uso de >2 cartuchos de agonista b_2-adrenérgico de corta duración en un mes
    - Dificultad de percibir la intensidad de la obstrucción bronquial
    - Antecedentes familiares (primer y segundo grado) de asma fatal
- Historia social y psicológica
    - Bajo nivel socioeconómico y residencia urbana
    - Trastornos psicológicos
- Comorbilidades
    - Enfermedad cardiovascular
    - Otra enfermedad pulmonar crónica
    - Enfermedad psiquiátrica

Tratamiento.

Objetivos:

1. Corregir la hipoxemia mediante la administración de oxígeno.
2. Revertir la obstrucción de la vía aérea utilizando broncodilatadores.
3. Disminuir la inflamación a través del uso de glucocorticoides sistémicos.

Medidas generales.

1 = Valoración inicial ABCD

2 Posición sentada (excepto alteración del nivel de conciencia o inestabilidad hemodinámica)

3 – Vía venosa: SF ó SG5% a 21 ml/h

4 – Mascarilla tipo Venturi al 28%

5 – Monitorización: TA, FC, FR, ECG, $SatO_2$

6 – IOT (indicación absoluta en apnea o coma)

Oxigenoterapia

Se administrará con cánula nasal o máscara a efectos de mantener una $SatO_2$ superior al 90% (superior al 95% en embarazadas o en pacientes con patología cardiaca coexistente); esto se logra con O_2 al 28-32%. No obstante, la utilización de concentraciones elevadas puede conducir a la insuficiencia respiratoria, especialmente en aquellos pacientes con mayor obstrucción, por lo que en ausencia de saturometría el O_2 deberá administrarse en baja concentración.

Crisis leve:

Salbutamol nebulizado a 8 l/m: 2,5-5 mg (0,5-1 ml) + 3-5 ml de SF

Se puede repetir cada 20 minutos hasta un máximo de 3 veces.

Si el enfermo está diagnosticado de cardiopatía isquémica utilizar la mitad de la dosis.

Crisis moderada:

Salbutamol nebulizado 5-10 mg (1-2 ml) + 3-5 ml de SF (Mismas observaciones que en crisis leve).

Metilprednisolona 40-60 mg en bolo IV ó **hidrocortisona** 100-200 mg IV

Crisis grave:

Salbutamol 5-10 mg + **bromuro de ipratropio** 500 µg + 3-5 ml de SF nebulizados

Metilprednisolona 40-60 mg en bolo IV ó **hidrocortisona** 100-200 mg IV

En pacientes con obstrucción muy grave: **sulfato de magnesio** 1-2 gr + 90 cc de SG5% en 20 min

Si deterioro del nivel de conciencia o fatiga muscular que impidan la correcta utilización de la vía inhalatoria: **salbutamol** 4 µg/kg en 100 ml de SF IV en 30 min

El uso de Teofilina intravenosa no se recomienda debido a su bajo poder broncodilatador y sus importantes efectos secundarios.

Riesgo vital inminente:

IOT con TET de mayor calibre posible. Usar como inductor **ketamina** 2 mg/kg IV por su efecto broncodilatador.

Parámetros de VM estándar (muy poca evidencia disponible respecto al uso de VMNI):

- VT: 5-7 ml/kg
- FiO_2: 1
- FR: 8-10 rpm
- Relación I/E: 1/3
- Presión Pico: menos de 40 cm de H_2O

Criterios de traslado.

- Presencia de signos de riesgo vital inminente
- Pico flujo ó FEV_1 <33%
- Pico flujo ó FEV_1 <50% o respuesta clínica inadecuada a pesar del tratamiento.
- Pacientes con sospecha de asma de riesgo vital:
    - Exacerbaciones recientes
    - Ingreso previo en UCI
    - Duración crisis >1 semana ó <2 horas
    - Problemas psicosociales
- Imposibilidad de ser controlado médicamente en las siguientes 24 horas.

Concepto.

Trastorno permanente y lentamente progresivo caracterizado por una disminución del flujo en las vías aéreas, causado por la existencia de bronquitis crónica y enfisema pulmonar. Las manifestaciones clínicas de las agudizaciones infecciosas de la EPOC son el incremento de la tos y de la expectoración, que puede ser purulenta, y el aumento de la disnea.

Criterios de Exacerbación Grave.

- Taquipnea > 30
- Incordinación toracoabdominal
- Agotamiento muscular
- Incapacidad para toser y hablar
- Inestabilidad hemodinámica
- Confusión/obnubilación (encefalopatía hipercápnica)
- Fracaso muscular ventilatorio

Tratamiento.

Medidas generales.

1 – Valoración inicial ABCD

2 - Posición sentada (excepto alteración del nivel de conciencia o inestabilidad hemodinámica)

3 – Vía venosa: SF ó SG5% a 21 ml/h

4 – Oxigenoterapia con la FiO_2 menor posible (Objetivo $SatO_2$>90%)

5 – Monitorización: TA, FC, FR, ECG, $SatO_2$

6 – Valorar IOT / VMNI

Exacerbación leve

Salbutamol nebulizado a 8 l/min: 2,5-5 mg (0,5-1 ml) + 3-5 ml de SF.

Si el enfermo está diagnosticado de cardiopatía isquémica utilizar la mitad de la dosis.

Exacerbación moderada o grave, o si no hay respuesta

Salbutamol 5-10 mg + **bromuro de ipratropio** 500 μg + 3-5 ml de SF nebulizados

Metilprednisolona 0,5-1 mg/kg en bolo IV ó **hidrocortisona** 100-200 mg IV

Si deterioro del nivel de conciencia o fatiga muscular que impidan la correcta utilización de la vía inhalatoria: **salbutamol** 4 µg/kg en 100 ml de SF IV en 30 min

Si el paciente no responde valorar administración de **teofilina** IV

	No Teofilina en 24 horas previas	Si Teofilina en 24 horas previas >60 años Insuficiencia Cardiaca Insuficiencia Hepática
Dosis Ataque	5 mg/kg peso ideal 1,5 ampollas en 85 cc SG5% a 200 ml/h	2-3 mg/kg peso ideal ¾ ampolla en 92,5 ml SG5% a 200 ml/h

Si mala evolución está indicada **VMNI**. (Ver Anexo IX)

Contraindicaciones:

- Parada respiratoria
- Inestabilidad hemodinámica
- Cardiopatía isquémica inestable
- Imposibilidad de protección de la vía aérea
- Secreciones respiratorias excesivas
- Encefalopatía severa (Glasgow <10)
- Paciente poco colaborador o agitado
- Imposibilidad para acoplar una interfase (mascarilla o casco)
- Cirugía vías aéreas superiores reciente
- Quemados
- Hemorragia digestiva alta

El modo de ventilación comúnmente utilizado es la presión de soporte (PS) con presión espiratoria continua (PEEP o CPAP), modo en ocasiones denominado BIPAP.

Ajuste de parámetros:

- Presión inspiratoria (PS) de 14-20 cm H_2O: ↑ progresivamente hasta obtener una ventilación eficaz (VC>7 ml/kg; FR<20x'). Evitar un nivel de presión excesivo (presencia de fugas y fallo de ciclado)
- Presión espiratoria (PEEP) de 4-8 cm H_2O: ↑ progresivamente hasta observar una adecuada sincronización paciente/ventilador (ausencia de esfuerzos inspiratorios no efectivos)
- Frecuencia de seguridad: ajustar en 12-14 ciclos/minuto
- Flujo de oxígeno: ajustar el flujo/FiO_2 hasta obtener la $SatO_2$ deseada (92% en pacientes con hipercapnia)

Si es necesaria la IOT utilizar los siguientes parámetros:

- VT: 6-8 ml/kg (algo elevado para eliminar CO_2)
- FR: 8-10 x'
- PEEP: 0-5
- Si es posible, ↑ el tiempo espiratorio: I/E: 1/2-1/3
- FiO_2 de 0,5
- Presión Pico: No > 40 cm H_2O
- Presión Plateau: No >30 cm H_2O

TROMBOEMBOLISMO PULMONAR (TEP)

Concepto.

El embolismo pulmonar es el enclavamiento de diverso material, habitualmente coágulos sanguíneos procedentes del sistema venoso, en el árbol arterial pulmonar. Por tanto, está estrechamente ligado a la trombosis venosa profunda (TVP), estimándose que aproximadamente el 10% de éstas producirán un TEP. En la actualidad se utiliza preferentemente el término de enfermedad tromboembólica venosa (ETV) para resaltar que son manifestaciones distintas de una misma enfermedad.

Clínica.

En el 90% de los casos, se sospecha un TEP por la presencia de disnea, dolor torácico y síncope, solos o en combinación.

El síncope es raro pero indica gravedad.

El dolor torácico de perfil pleurítico con o sin disnea, es una de las presentaciones más frecuentes.

		TEP CONFIRMADO
Síntomas	Disnea	80%
	Dolor torácico pleurítico	52%
	Dolor torácico subesternal	12%
	Tos	20%
	Hemoptisis	11%
	Síncope	19%
Signos	Taquipnea (>20/min)	70%
	Taquicardia (>100/min)	26%
	Signos TVP	15%
	Fiebre (>38,5º)	7%
	Cianosis	11%

Los signos, síntomas y pruebas complementarias de nuestro medio no permiten excluir o confirmar la presencia de TEP agudo, pero aumentan el índice de sospecha.

Diagnóstico.

La evaluación clínica nos permitirá clasificar a los pacientes en categorías de probabilidad. Aunque tiene limitaciones por el peso subjetivo del observador clínico, la regla más usada para la predicción clínica del TEP, es el score de Wells:

Variable	Puntos
Factores predisponentes	
TVP o TEP previo	+ 1,5
Cirugía reciente o inmovilización	+1,5
Cáncer	+1
Síntomas	
Hemoptisis	+2
Signos clínicos	
FC>100 lat/min	+1,5
Signos TVP	+3
Juicio clínico	
Diagnóstico alternativo menos probable que TEP	+3

Probabilidad clínica (3 niveles)	**Total puntos**	**Proporción de paciente con TEP**
Baja	0-1	10%
Intermedia	2-6	30%
Alta	>6	65%
Probabilidad clínica (2 niveles)		
TEP improbable	0-4	
TEP probable	>4	

Tratamiento.

Medidas generales.

- Valoración inicial ABCD
- Posición sentada (excepto alteración del nivel de conciencia o inestabilidad hemodinámica)
- Vía venosa: SF ó SG5% a 21 ml/h
- Oxigenoterapia a alto flujo (mascarilla Venturi con FiO_2 al 50% ó mascarilla reservorio)
- Monitorización: TA, FC, FR, ECG, $SatO_2$
- Valorar IOT
- Analgesia con **cloruro mórfico** a razón de 2 mg/min (máximo 10 mg)

- Si se precisa sedación usar **midazolam**, comenzando con 2 mg IV cada 2-3 minutos hasta alcanzar grado deseado.
- Iniciar anticoagulación con heparinas en casos de probabilidad alta o intermedia de TEP:
  - Heparina de bajo peso molecular, **enoxaparina**, a dosis de 1 mg/kg/12 horas.
  - Se prefiere heparina sódica en pacientes con daño renal grave o con alto riesgo hemorrágico. Dosis de 80 UI/kg IV en bolo, seguido de perfusión de 18 UI/kg/hora.

Si existen signos de shock:

- Valorar IOT
- Fluidoterapia **NO** agresiva. Perfundir hasta 500 cc de **SF** ó **dextrano**, evaluando siempre signos de sobrecarga de volumen (ingurgitación yugular, crepitantes basales...)
- Fármacos vasopresores: **noradrenalina**. (Ver anexo III).
- Si sólo signos de bajo gasto, con TA normal, puede usarse **dobutamina** o **dopamina**. (Ver anexo III).

- Guía ALAT-SEPAR ALERTA, Ediciones Mayo, año 2008
- Plaza Moral V, et al. Guía Española para el manejo del asma. Arch Bronconeumol 2003;39(Supl 5):3-42
- Manual de Procedimientos SAMUR-Protección Civil Madrid. Edición 2006
- López Gonzalez, J.I. Esquemas Prácticos en Medicina de Urgencias y Emergencias. Publimed 2003
- Alvarez-Sala, J:L: et al. Recomendaciones para la atención al paciente con enfermedad pulmonar obstructiva crónica. *Arch Bronconeumol* 2001; 37: 269-278
- Sáenz de la Calzada, C. et al. Guías de práctica clínica de la Sociedad Española de Cardiología en tromboembolismo e hipertensión pulmonar. Rev Esp Cardiol 2001; 54: 194-210
- Guía de práctica clínica sobre diagnóstico y manejo del tromboembolismo pulmonar agudo. Grupo de Trabajo para el Diagnóstico y Manejo del Tromboembolismo Pulmonar Agudo de la Sociedad Europea de Cardiología (ESC). Rev Esp Cardiol. 2008;61(12):1330.e1-1330.e52

Capítulo 10

ANAFILAXIA Y SHOCK ANAFILÁCTICO.

JA Cortés Ramas, J Alba Chueca, S Arracó Castellar, P Subirats Dolz

ANAFILAXIA

Introducción

Conviene diferenciar los siguientes términos: anafilaxia y reacción anafilactoide.

El término **anafilaxia** se emplea para describir las reacciones inmunes mediadas por anticuerpos (IgE) y que requieren de una exposición repetida a los antígenos en un paciente previamente sensibilizado.

Una **reacción anafilactoide** es un síndrome con una clínica similar que no está mediada por anticuerpos y que no requiere de un contacto previo.

De forma general, el término "anafilaxia" se ha empleado para describir ambos síndromes.

Según el "The National Institute of Allergy and infectious Disease (NIAID)" y la red nacional "Food Allergy and Anaphylaxis Network (FAAN)" de los EEUU, en los años 2004 y 2005, recomendaron una definición amplia y breve: "La anafilaxia es una reacción alérgica grave de rápido inicio que puede provocar la muerte".

Es una urgencia médica y el tratamiento inmediato evita la muerte por hipoxia o hipotensión.

Etiología

Las causas que pueden provocar la anafilaxia se encuadran en estos grupos:

1- Mecanismos IgE-dependientes:

- Fármacos, agentes químicos y biológicos.
- Alimentos.
- Picaduras (veneno) de himenópteros, saliva de insectos, otros venenos.
- Látex.
- Medioambientales.

2- Mecanismos no IgE-dependientes:

- Factores físicos: ejercicio, frío, calor.
- Medicación y agentes biológicos.
- Aditivos.

3- Idiopáticas.

Es importante tener en cuenta que puede producirse una *reactividad cruzada*, es decir, un mismo agente ser el responsable de una respuesta IgE-dependiente y no IgE-dependiente.

También pueden coexistir varios factores a la vez y de distintos grupos (mediados y no por anticuerpos), por ejemplo, una reacción inducida por el ejercicio tras ingesta de medicamentos.

Clínica

Las manifestaciones clínicas de la anafilaxia son multisistémicas, y afectan a:

- **Cutáneas:**
  - **Parestesia o dolor, eritema, urticaria, prurito, angioedema.**

- Rinorrea, inyección conjuntival, lagrimeo.

- Respiratorias:
  - Molestias en la garganta, tos, disnea, ronquera, estridor, afonía.
  - Taquipnea, sibilancia, SaO_2 de pulso ≤ 92%*, cianosis*.
- Cardiovasculares:
  - Taquicardia (raramente bradicardia), hipotensión*, arritmias, parada cardíaca*.
- Neurológicas:
  - Obnubilación, diaforesis, incontinencia*, síncope*, confusión*, coma*.
- Gastrointestinales:
  - Odinofagia, cólicos abdominales, náuseas, vómitos, diarrea.
- Inespecíficas:
  - Ansiedad, sensación de muerte inminente.

* Indica una reacción severa.

El grado de severidad de las reacciones de hipersensibilidad generalizada puede clasificarse en:

1. *Leve:* sólo piel y tejido subcutáneo.

   Definido por: eritema generalizado, urticaria, edema periorbital o angioedema.

2. *Moderado:* afectación respiratoria, cardiovascular o gastrointestinal.

   Definido por: disnea, estridor, sibilancia, náuseas, vómitos, mareo (presíncope), diaforesis, molestias en la garganta o el tórax o dolor abdominal.

3. *Severo:* hipoxia, hipotensión o compromiso neurológico.

   Definido por: cianosis o $SatO_2$ ≤ 92% en cualquier momento, hipotensión (PAS < 90 mmHg en adultos), confusión, colapso, pérdida de conciencia o incontinencia.

SHOCK ANAFILÁCTICO

En primer lugar definiremos el estado de **SHOCK** como un trastorno complejo de la circulación sanguínea que se caracteriza por una *reducción de la perfusión hística* y del *aporte de oxígeno* por debajo de los niveles mínimos necesarios para satisfacer la demanda de los tejidos, a pesar de la intervención de mecanismos compensadores.

Según la etiología y el mecanismo fisiopatológico se distinguen clásicamente tres tipos de shock: hipovolémico, cardiogénico y vasogénico.

El **shock anafiláctico** se encuadra en el tipo vasogénico o distributivo, y se caracteriza por una alteración entre el continente vascular y el contenido, por vasodilatación (disminuye la precarga) y por la pérdida de volumen plasmático debido al aumento de la permeabilidad capilar.

En este tipo de shock, tanto la presión arterial sistólica, la presión venosa central, la presión en la arteria pulmonar, la presión de enclavamiento de la arteria pulmonar (que nos traduce la presión en la aurícula izquierda) como las resistencias vasculares periféricas están disminuidas. En cambio, el gasto cardiaco puede estar normal o aumentado, dependiendo de la vasodilatación periférica y del estado volumétrico del paciente.

Manejo y tratamiento

Las medidas terapéuticas a adoptar en una anafilaxia van en función del grado de severidad de las manifestaciones clínicas, pero se encaminan al mantenimiento de la vía aérea y a la reposición de volumen.

Las medidas generales son:

- Interrumpir el suministro y/o contacto de cualquier posible agente causante.
- **Oxigenoterapia** a alto flujo, a 15 litros/minuto, con mascarilla y bolsa reservorio al 100%.
- Canalización de una o dos vías venosas periféricas y con angiocatéteres de grueso calibre (14 G ó 16 G).
- Administración de **adrenalina** en solución al 1:1000:
    - Inicialmente por vía IM a razón de 0,01 mg/kg, hasta un máximo de 0,5 mg (0,5 ml de solución 1:1000). Se puede repetir a los 5-15 minutos. También se puede administrar por vía SC, pero la absorción es más lenta y errática.
    - Ante la falta de respuesta al tratamiento inicial, administrar por vía IV. Dos formas posibles:
        - Diluir 1 mg (al 1:1000) en 9 ml de Suero Salino Fisiológico al 0,9% (SSF), para obtener una dilución al 1:10000. Administrar de 0,1 a 0,4 mg (1-4 ml de la dilución) en bolo lento. Se puede repetir a los 5 minutos, aunque se recomienda pasar a poner una perfusión si no mejora con la administración intravenosa.
        - Perfusión de adrenalina: diluir 1 mg (al 1:1000) en 100 de SSF, y empezar a un ritmo entre 30-100 ml/h (5-15 μg/min), según la evolución del paciente.
- Fluidoterapia: administrar un bolo de **cristaloides** de 10-20 ml/kg (aproximadamente 1-2 litros).
- Monitorización continua: ECG, TA y pulsioximetría.
- Si el paciente tiene predominio de broncoespasmo, se administrarán inhaladores: β2 agonistas adrenérgicos, como el **salbutamol**, o anticolinérgicos en el caso de que tomara betabloqueantes, como el **bromuro de ipatropio**.

En los casos más graves:

- Control de la vía aérea:
    - Si el paciente está grave y no mejora con las medidas iniciales, se procederá a la intubación endotraqueal (IET) precoz, aunque ésta puede ser dificultosa si existe edema de la glotis.
    - Si no se pudiera proceder a la IET por el edema de glotis, se realizará un acceso quirúrgico de la vía aérea, mediante la cricotiroidotomía.
    - Y finalmente se conectará al paciente a ventilación mecánica.
- Control hemodinámico: si tras la administración de fluidoterapia el paciente sigue con tensiones arteriales bajas, se procederá a la administración de inotropos positivos en perfusión, como:
    - **Dopamina**: A dosis mayores de 5 μg/kg/min. (Ver Anexo III).
    - **Noradrenalina**: A dosis de 0,05 a 0,5 μg/kg/min, hasta obtener mejoría. (Ver Anexo III).

En segunda línea terapéutica:

- Antihistamínicos como terapia de apoyo:

- Anti H_1 mediante infusión IV lenta de 5-10 mg de **dexclorfeniramina**.
- Anti H_2 como la **cimetidina** (300 mg). (No disponible en nuestro medio)

- Corticoesteroides IV a altas dosis al principio del tratamiento, porque son lentos en su acción y se obtiene beneficio a partir de las 4-6 horas de su administración. Por ejemplo **hidrocortisona** o **metilprednisolona**.
- El **glucagón** puede ser eficaz en los pacientes en que no hay respuesta a la adrenalina, como en aquellos que tomen betabloqueantes. Dosis de 1-2 mg IV o IM cada 5 minutos.
- Otras opciones pueden ser la **vasopresina** (en los casos de hipotensión severa) o la **atropina** (si existen episodios de bradicardia).

Derivación y traslado

En las **reacciones locales leves** y en pacientes sin antecedentes de anafilaxia, tras informar al paciente de las posibles complicaciones, se dará el alta domiciliaria bajo control del Equipo de Atención Primaria, acudiendo al mismo en los casos de aparecer de nuevo los síntomas o empeoramiento.

En las **reacciones anafilácticas sistémicas** con buena respuesta al tratamiento, se procederá al traslado a un centro hospitalario, donde permanecerá en observación entre las 8-24 horas siguientes, por el riesgo de empeoramiento posterior, según la naturaleza del agente causal o por los antecedentes del paciente.

Se realizará **traslado en UME** con preaviso hospitalario en todas las reacciones anafilácticas sistémicas en las que haya habido afectación de la vía aérea, respiratoria, cardiocirculatoria o neurológica, bien de forma transitoria o persistente.

En el curso de una reacción anafiláctica también se tendrán en cuenta los antecedentes del paciente como indicación de traslado, por el empeoramiento de las patologías previas del mismo.

Todos los **pacientes en edad pediátrica** que sufran una reacción anafiláctica, deberán ser trasladados a un centro hospitalario para su observación e ingreso, si procede.

Criterios de ingreso de los pacientes con reacciones anafilácticas:

A- Criterios de ingreso en planta:

- Los pacientes con alteración y compromiso transitorio de la vía aérea (edema de glotis) deben permanecer en observación durante más tiempo (la mayoría de las muertes por anafilaxia están incluidos en este grupo).
- Reacciones sistémicas moderadas con nula respuesta al tratamiento o recaída tras las medidas adoptadas.
- Pacientes con antecedentes de reacción anafiláctica severa con respuesta transitoria a las medidas terapéuticas administradas.
- Empeoramiento de las patologías previas del paciente.

B- Criterios de ingreso en UCI:

- Necesidad de intubación y ventilación mecánica, como en los casos de reacciones de broncoespasmo severo.
- Pacientes con edema de laringe que no mejora y que pueden llegar a requerir, en algunos casos, un abordaje quirúrgico de la vía aérea.
- Pacientes en coma que no mejoran con las medidas terapéuticas.
- En los casos de shock anafiláctico.
- En general, en las reacciones de hipersensibilidad generalizada severas con

mala respuesta terapéutica.

- Cuando ha habido una parada cardiorrespiratoria.
- A criterio del médico intensivista de guardia, según la naturaleza de cada caso.

Bibliografía.

- J.M. Torres Murillo, J. Martínez de la Iglesia, F.J. Montero Pérez y L. Jiménez Murillo. Medicina de Urgencias y Emergencias: Guía diagnóstica y protocolos de actuación. 3ª edición. Ed Elsevier. Cap 16. Págs 122-127.
- John L. Chow, Kerth Baker y Luca M. Bigatello. Massachusetts General Hospital: Cuidados Intensivos. 3ª edición. Ed Marbán. Cap 9. Págs 145-158.
- Jeffrey L. Blumer. Guía práctica de cuidados intensivos en Pediatría. 3ª edición. Ed Mosby / Doyma Libros. Cap 16. Págs 119-125.
- Guías 2005 de RCP y ACE. American Heart Association. Suplemento de Circulation. Vol 112. Nº 24. Dic 2005. Cap 10.6. Págs 160-162.
- N. Perales, J. López y M. Ruano. Manual de Soporte Vital Avanzado. 4ª edición. Ed Elsevier Masson. Cap 15. Págs 250-251.
- Anthony FT Brown. Manejo actual de la anafilaxia. Emergencias. Ed SANED. Vol 21. Nº 3. Jun 2009. Págs 213-223.
- American College of Critical Care, Society of Critical Care Medicine. Guidelines for intensive care unit admission, discharge, and triage. Crit Care Med 1999; 27:633-8.

Capítulo 11.

EMERGENCIAS NEUROLÓGICAS: COMA Y ESTATUS EPILÉPTICO.

S Salcedo de Dios, F Elzaguerri Bradineras, P Sorli Latorre, RMª Costa Montañés

COMA

Concepto.

Estado de conocimiento de uno mismo y del entorno que le rodea, con dos componentes desde un punto de vista fisiopatológico: nivel de consciencia (activada si está alerta) y contenidos (funciones afectivas y cognoscitivas).

* **Contenidos**:

- Afectación global: aguda (síndrome confusional agudo) o crónica (demencia).
- Afectación parcial: afasia, agnosia, amnesia, etc.

* **Grado de alerta**:

- Obnubilación: tendencia al sueño si no se le habla, inversión ciclo sueño-vigilia, desorientación, malinterpretación del entorno con frecuentes alucinaciones auditivas y/o visuales.
- Confusión: más avanzado, con períodos más prolongados de ensoñación, delirios frecuentes.
- Estupor: continuamente dormido, necesarios estímulos nociceptivos para respuestas, habitualmente sonidos incoherentes o movimientos de extremidades.
- Coma: no obedece órdenes, no emite palabras y no abre los ojos ante estímulos dolorosos.

Diagnóstico de sospecha.

Etiología coma: lesiones		
Supratentoriales	Intracerebrales	Hemorragias Infarto cerebral Tumores Infecciones
	Extracerebrales	Tumores Hidrocefalia Hematomas Abscesos
Infratentoriales		Hemorragia pontica Hemorragia cerebelosa Infarto troncoencéfalo Tumor de troncoencéfalo Tumor cerebeloso Absceso cerebeloso

Tóxicos y metabólicos	Metabólicos	Hipoxia-hipercapnia Acidosis Alteraciones iones Shock, sepsis, porfiria Insuficiencia renal, hepática, pancreatitis Hipo-hipertiroidismo Hipo-hiperglucemia Addison-Cushing
	Tóxicos	Sedantes, opiaceos Etanol, salicilatos, etilenglicol, metanol Monóxido carbono
	Déficits	B1, B6, B12 Acido fólico

Etiología coma: exploración		
Con focalidad	Tumor Absceso Infarto	Encefalitis Hematoma Encefalopatía HTA
Con irritación meníngea	Meningitis Hemorragia subaracnoidea Hemorragia intraventricular	Meningoencefalitis
Sin focalidad ni irritación	Intoxicaciones exógenas Lesión postraumática Hipoxia-hipercapnia Alteraciones iones Shock, sepsis, porfiria Insuficiencia renal, hepática Hipo-hipertermia	Acidosis

- **Anamnesis:**
  - Forma de comienzo (brusca o progresiva), cuándo, donde y circunstancias en el momento.
  - Antecedentes clínicos: estado mental previo, traumatismos, fiebre o enfermedad sistémica en días previos, posible ingestión de fármacos o tóxicos, historia dietética (hipglucemia, hiponatremia).
- **Exploración**:
  - Constantes: TA, pulso y temperatura.
  - Patrón respiratorio:
    - Respiración Cheyne-Stockes: disfunción hemisférica y/o diencefálica bilateral.
    - Hiperventilación neurógena central: lesión mesencefálica o protuberancial alta.
    - Respiración apneústica: lesión protuberancial media o baja.
    - Respiración de "cluster": lesión pontica o caudal.
    - Respiración "atáxica" o de "Biot": lesión bulbar.
  - Pupilas: (anotar tamaño y reactividad a la luz)
    - La reactividad a la luz indica indemnidad mesencefálica y de las vías aferentes y eferentes
    - Tamaño y reactividad pupilar:
      - Pupilas pequeñas y reactivas = lesión hemisférica y/o diencefálica bilateral.
      - Pupilas dilatada y fija unilateral = lesión periférica del III par por herniación trastentorial
      - Pupilas puntiformes = lesión protuberancial habitualmente hemorrágica o sobredosis de narcóticos.

En el ***COMA METABOLICO*** las pupilas suelen ser normales o ligeramente pequeñas y reactivas excepto:

- Los anticolinérgicos (atropina, escopolamina,...) y la anoxia o isquemia cerebral: pupilas dilatadas y fijas
- Los simpaticomiméticos(adrenalina, dopamina,...) pupilas dilatadas y reactivas
- Los opiáceos: pupilas puntiformes reactivas
- La hipotermia y los barbitúricos: arreactividad pupilar.
- RECUERDA: oftalmoplejia+ reflejo fotomotor normal = coma metabólico

  - Posición y movimientos oculares:
    - Posición en reposo:
      - Tronco normal o lesión frontal: ojos miran al frente.
      - Lesión tronco cerebral (habitualmente ponto-mesencefálica): aparición de movimientos espontáneos (bobbing, nistagmus).
      - Parálisis nervio oculomotor: estrabismo de un ojo.
      - Lesión hemisférica frontal: ojos **miran** a la lesión y **huyen** de la hemiplejia.

- Lesión protuberancial: **huyen** de la lesión pontica y **miran** a la hemiplejia.
- Maniobras óculo-cefálicas ("ojos de muñeca"):
  - Los ojos se mueven hacia el lado contrario de forma conjugada: indemnidad tronco cerebral (protuberancia y mesencéfalo) y sugiere coma metabólico o supratentorial.
  - En coma profundo o intoxicación por sedantes: pueden estar abolidos.
- Maniobras óculo-vestibulares ("calóricas") = irrigar con 50-100 ml de suero helado en el CAE esperando 5 minutos entre cada uno de ellos:
  - Respuesta normal y coma superficial: fase lenta hacia oído irrigado fase rápida hacia el lado contrario que dura 2-3 minutos.
  - Patología hemisferio correspondiente: ausencia de fase rápida.
  - Patología del tronco cerebral: ausencia fase lenta.
  - Su indemnidad sugiere coma metabólico.

- Reflejo corneal: lesión del V y/o VII par localizados en protuberancia: abolición del mismo.
- Exploración motora:
  - Movimientos espontáneos:
    - Mioclonias y crisis multifocales. Patología metabólica.
    - Si asimetría en ambos hemicuerpos: hemiparesia.
    - Crisis epilépticas focales o generalizadas.
  - Respuesta motora al dolor (presión en arco supraorbitario, esternon o lecho ungueal):
    - Si retira de forma simétrica: vía motora corticoespinal normal.
    - Si retira de forma asimétrica. Lesión vía motora correspondiente.
    - Flexión y abducción brazo y extensión de la pierna: decorticación, lesión por encima del núcleo rojo de mesencéfalo.
    - Extensión; adducción e hiperpronación del brazo y extensión de la pierna. Descerebración, lesión tronco cerebral superior y núcleos vestibulares. Peor pronóstico.
    - Extensión de brazos con flaccidez o flexión débil de las piernas: lesión en núcleos vestibulares o adyacente.
  - Mirar si hay asimetría o debilidad facial.
  - Respuesta cutáneo-plantar (Babinski= extensión aparece en el coma estructural y metabólico).
- Valorar clínica de meningismo.
- Fondo de ojo:
  - Edema de pupila sugiere hipertensión intracraneal.
  - Hemorragias retinianas sugiere hemorragia subaracnoidea.
- Exploración sistémica completa:

  - Piel: sitios de punción, cianosis, palidez, equimosis, hematomas.
  - Aliento: cetona, fetor hepático y enólico (no siempre por intoxicación).
  - ECG: lesiones intracraneales pueden prolongar Q-T y alterar ST y T.
  - Abdomen: masas y/o soplos (aneurisma), ascitis (hepatopatía).

- *Valoración diagnóstica*.
  - METABOLICO
    - Habitualmente cursan sin focalidad neurológica y con reflejo fotomotor normal
    - Realizar TAC a todos los pacientes en coma sin focalidad cuya causa no sea aparente

> *Respuesta pupilar a la luz generalmente conservada en coma metabólico.
>
> *Pérdida de MOC y MOV sugiere disfunción del tronco cerebral, excepto en intoxicación por barbitúricos.

  - SUPRATENTORIAL
    - Herniación transtentorial central:
      - Por el desplazamiento de los hemisferios y ganglios basales hacia abajo.
      - Cursa al inicio: deterioro nivel de conciencia, signos de disfunción hemisférica y subcortical bilateral (hiperreflexia y/o Babinski bilateral, posturas de decorticación, pupilas pequeñas y reactivas y respiración Cheyne-Stokes.
      - Si hay fallo mesencefálico aparece: pupilas fijas, dilatadas o medias y rigidez de descerebración).
      - Si la compresión persiste aparecen signos de disfunción protuberancial y bulbar.
    - Herniación transtentorial del lóbulo temporal
      - Inicialmente pupila ipsilateral dilatada y arreactiva a la luz (pupila de Hutchinson).
      - Posteriormente: se completa la parálisis del III par y desarrolla hemiparesia ipsilateral con disfunción motora bilateral.

Hernia transtentorial				
	Diencef. precoz	Diencef. tardía	Mesencéfalopontina	Bulbopontina
Respiración	Eupneico Cheyne-Stokes	Cheyne-Stokes	Hiperventilación	Atáxico. Superficial
Pupilas	Miosis reactiva	Miosis reactiva	Intermedias,irregulares o arreactivas	Intermedias y arreactivas
MOC y MOV	Conservados	Conser-vados	Desconjugados	Ausentes
Motor	Conservadas, Babinski bilateral	Ausentes o rigidez decorticación	Ausentes o rigidez descerebración	Ausente. Flexión EEII

- INFRATENTORIAL

> * La asimetría de los signos motores (signos focales o de lateralización) sugieren coma estructural.
>
> * Para que una lesión estructural sea responsable de un coma, debe afectar directa o indirectamente al tronco cerebral.

- Signos de disfunción de tronco: oftalmoparesia, alteraciones pupilares, abolición maniobras oculo-vestibulares, signos de disfunción motora ...
- Valorar siempre la posibilidad de un infarto o hematoma cerebeloso.

Hernia uncal		
	Fase precoz	Fase tardía
Respiración	Eupneico	Hiperventilación regular
Pupilas	Pupila ipsilateral midriática perezosa	Pupila ipsilateral midriática y arreactiva
MOC y MOV	Presentes y desconjugados	Desconjugados
Motor	Conservadas, Babinski contralateral	Rigidez decorticación o descerebración

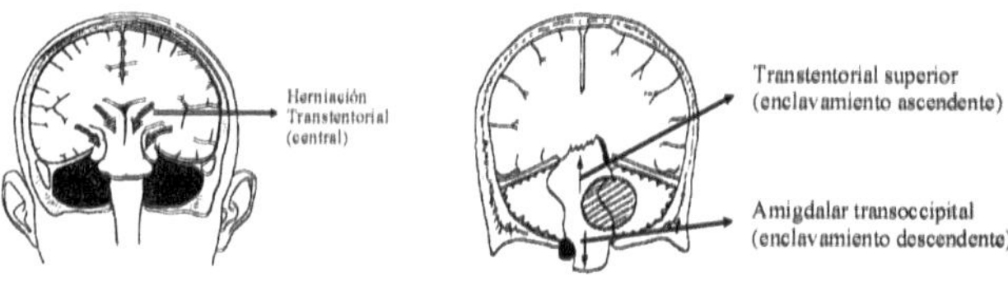

Manejo y tratamiento:

- **Vía aérea, ventilación y circulación con soporte vital adecuado:**
  - IOT si hay indicación.
  - Administrar oxígeno a altos flujos.
  - Medidas de resucitación si precisa.

- **Extracción de sangre** para determinaciones de hemograma, glucemia, urea, iones y coagulación.
- **Monitorización continua**: TA, FC, FR, ECG, Sat O_2 y ritmo cardíaco.
- **Glucemia capilar.**
- Acceso a 1 ó 2 vías de grueso calibre para infusión de **suero fisiológico**. Si sospecha de edema cerebral, evitar hiperhidratación.
- **Antídotos específicos:**
  - **Tiamina** IV: 100 mg como prevención o si sospecha de encefalopatía de Wernicke.
  - **Glucosa** IV: 2 ampollas de glucosa al 50% (20 g).
  - **Naloxona** IV: 2 ampollas de 0,4 mg (dosis máxima 2 mg) si sospecha de intoxicación por opiáceos.
  - **Flumazenil** IV: 0,2-0,5 mg/min (máximo 2 mg) si sospecha de intoxicación por benzodiacepinas.
- **Sondajes nasogástrico y vesical.**
- **Si convulsiones:** benzodiacepinas y/o difenilhidantoínas y/o valproato:
  - **Diacepam**: 0,3-0,5 mg/kg (10 mg + 8cc SF); bolos IV directos de 5 mg en un minuto; si no cede repetir 5mg/minuto hasta que ceda o dosis máxima (10 mg). Alternativa por vía rectal.
  - **Midazolam**: 0,1-0,4 mg/kg (diluir 15 mg + 12cc SF); bolos IV directos de 5 mg en un minuto; si no cede repetir 5mg/minuto hasta que ceda o dosis máxima (15 mg). Posteriormente perfusión de mantenimiento por recidivas frecuentes (semivida muy corta): 0,04-0,05 mg/kg/h. Alternativa excelente por vía intramuscular.
  - **Fenitoína**: 20 mg/kg a velocidad máxima de infusión de 50 mg/min (25 mg/min en ancianos). No deprime función respiratoria ni SNC; depresión cardiovascular, a máxima velocidad tarda 30 minutos en alcanzar dosis necesarias.
  - **Valproato**: bolo inicial 30 mg/kg en 5 minutos con posibilidad de segundo bolo de 10 mg/kg a los 20 minutos si no es efectivo; posteriormente, a los 30 minutos de la última dosis, perfusión de 1 mg/kg/h. Elección en ancianos, cardiópatas y pacientes tratados previamente con valproato; produce leve sedación, contraindicado en hepatopatías y coagulopatías graves.
- **Tratamiento de hipertensión intracraneal:**
  - Hipotermia leve-moderada.
  - Elevación cabecera de la cama 30º.
  - Manitol: 200cc al 20% (0,5 g/kg) en 20 minutos.
  - Salino hipertónico: entre 1,5-4 ml/kg de SSH al 7,5% en 15 minutos (primera elección si TCE, hipovolemia asociada y en medios hostiles).
  - Coma barbitúrico:
    - **Fenobarbital**: 20 mg/kg bolo inicial (<100 mg/min); mantenimiento con perfusión 0,1-0,2 mg/kg/h.

- **Thiopental**: 5 mg/kg bolo inicial de 30 segundos (100-200 mg) seguida de 50 mg cada 2-3 minutos hasta control de crisis (<200 mg/min); mantenimiento con perfusión 3-5 mg/kg/h.

- Hiperventilación: leve (PCO_2 34-38 mmHg), moderada (PCO_2 30-35 mmHg).

- **Profilaxis de TEP** con heparina de bajo peso molecular.
- **Profilaxis de úlceras de estrés** con antiácidos.
- **Protección ocular** para evitar úlceras corneales.

Derivación y traslado.

Proceder al traslado en UME con preaviso hospitalario siempre a centro con TAC disponible y, en función de la sospecha etiológica, con cama disponible de UCI y servicio de neurocirugía.

ALGORITMO DEL COMA.

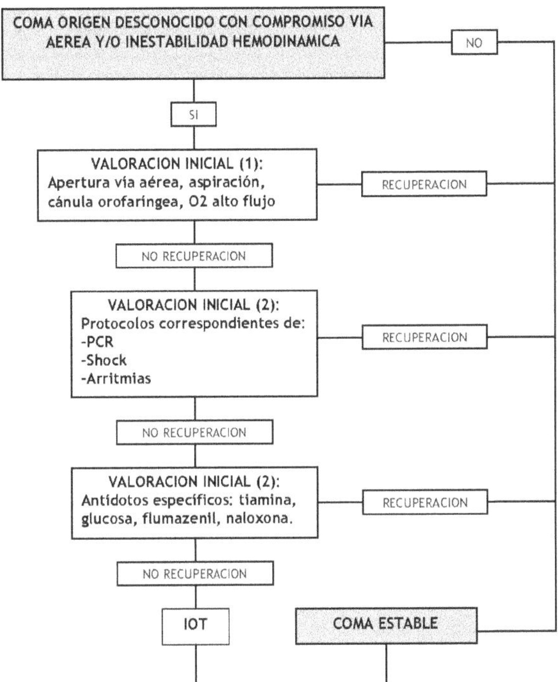

xtracción de sangre para determinar hemograma, glucemia, urea, iones y coagulación. Glucemia capilar.

o 2 vías con suero fisiológico. Si sospecha de edema cerebral, evitar hiperhidratación. Monitorización continua: TA, FC, FR, ECG, Sat O_2 y ritmo rdíaco.

ondajes nasogástrico y vesical.

convulsiones:

- Diacepam: 0.3-0.5 mg/kg (10mg/10cc SF); bolos ev directos de 5 mg/min, si no cede repetir 5mg/min hasta que ceda o dosis máxima (10 mg). Alternativa por vía rectal.
- Midazolam: 0.1-0.4 mg/kg (15mg/12cc SF); bolos ev directos de 5 mg/min, si no cede repetir 5mg/minuto hasta que ceda o dosis máxima (15 mg). Post. Perf. Mto. por recidivas frecuentes (semivida muy corta): 0.04-0.05 mg/kg/h. Alternativa excelente por vía intramuscular.
- Fenitoina: 20 mg/kg a velocidad máxima de infusión de 50 mg/min (25 mg/min en ancianos). No deprime función respiratoria ni SNC; depresión cardiovascular, a máxima velocidad tarda 30´en alcanzar dosis necesarias.
- Valproato: bolo inicial 30 mg/kg en 5´ con posibilidad de segundo bolo de 10 mg/kg a los 20´si no es efectivo; posteriormente, a los 30´de la última dosis, perfusión de 1 mg/kg/h. Elección en ancianos, cardiópatas y pacientes tratados previamente con valproato; produce leve sedación, contraindicado en hepatopatías y coagulopatías graves.

ratamiento de hipertensión intracraneal:

- Hipotermia leve-moderada, elevación cabecera de la cama 30°.
- Manitol : 200cc al 20% (0.5 gr/kg) en 20 minutos.
- Salino hipertónico: entre 1.5-4 ml/kg de SSH al 7.5% en 15 minutos (primera elección si TCE, hipovolemia asociada y en medios hostiles).
- Coma barbitúrico:
  - Fenobarbital: 20 mg/kg bolo inicial (<100 mg/min); mantenimiento con perfusión 0.1-0.2 mg/kg/h.
  - Tiopental: 5 mg/kg bolo inicial de 30 segundos (100-200 mg) seguida de 50 mg cada 2-3´hasta control de crisis (<200 mg/min); mantenimiento con perfusión 3-5 mg/kg/h.
- Hiperventilación: leve (PCO2 34-38 mmHg), moderada (PCO2 30-35 mmHg).

rofilaxis de TEP con heparina de bajo peso molecular y de úlceras de estrés con antiácidos. Protección ocular.

ESTATUS EPILEPTICO (SE)

Concepto.

Prolongación de una crisis epiléptica más allá de 5 minutos ó repetición de crisis sin recuperar completamente el nivel de conciencia entre ellas.

- **Clasificación:**
  - SE convulsivo (SEC): (más grave, peor pronóstico)
    - **SEC generalizado**: crisis generalizada tónico-clónica persistente en el tiempo, o varias sin recuperación de conciencia entre ellas.
    - **SEC parcial**: crisis motora parcial continua sin afectación del nivel de conciencia.
  - SE no convulsivo (SENC): persistencia de crisis caracterizadas por fenómenos no motores, sensoriales, sensitivos, psíquicos o alteración de conciencia.
    - **SENC parcial simple**: sensitivos o sensoriales (aura continua).
    - **SENC parcial complejo**: disminución nivel conciencia, confusión mental y alteraciones de la conducta con/sin automatismos.
    - **SENC sutil**.
    - **SENC de ausencias**.

Diagnóstico de sospecha.

- **Etiología adultos**: enfermedad cerebrovascular (25%), cambio medicación (19%), alcohol-fármacos (12%), anoxia (11%), metabólico (9%), otros (fiebre, infecciones neurológicas o no, tumores, no filiados).
- Recoger una **anamnesis** adecuada para averiguar si ya está diagnosticado y si toma medicación. En caso afirmativo preguntar por el buen control de las crisis, si ha abandonado el tratamiento o su toma incorrecta. En todos los casos si ha habido ingesta etílica, alteración del ritmo del sueño, enfermedad febril o metabólica precedente.
- Si es un primer episodio averiguar síntomas acompañantes, sobre todo neurológicos, antecedentes de TCE.
- En la **exploración** no olvidar comprobar si hay fiebre, rigidez de nuca, exploración neurológica en busca de alguna focalidad y toma de TA. Monitorizar al paciente y registrar una glucemia capilar.

Manejo y tratamiento:

- Inicio inmediato de tto en crisis > 5´ tras administración de BZD y comprobado el efecto en el minuto 10.
- Principales errores que empeoran pronóstico: retraso en inicio de tto y dosis infraterapeúticas de fármacos antiepilépticos (FAEs).
- La lesión cerebral secundaria puede darse a los 20´ del inicio.

- Cuanto más se tarde en controlar el cuadro, > riesgo de hacerse refractario.
- Emergencia vital: SE convulsivos.
- Objetivo: control y estabilización en un máximo de 30´.

1.) Medidas generales de estabilización del enfermo (minutos 0-5).

- ABCD.
- Movilización correcta si traumatismo asociado.
- Contraindicados los sueros glucosados (salvo hipoglucemia).
- Antídotos específicos si sospecha. Contraindicado flumazenilo.

2.) Control farmacológico con benzodiacepinas (minutos 5-10).

- **Diacepam**: 0,3-0,5 mg/kg (diluir 10 mg + 8cc SF); bolos IV directos de 5 mg en un minuto; si no cede repetir 5mg/minuto hasta que ceda o dosis máxima (10 mg). Alternativa por vía rectal.
- **Midazolam**: 0,1-0,4 mg/kg (diluir 15 mg + 12cc SF); bolos IV directos de 5 mg en un minuto; si no cede repetir 5mg/minuto hasta que ceda o dosis máxima (15 mg). Posteriormente perfusión de mantenimiento por recidivas frecuentes (semivida muy corta): 0,04-0,05 mg/kg/h. Alternativa excelente por vía intramuscular.

3.) Control farmacológico con primer FAE IV (minutos 10-20).

- Por alcanzar dosis máximas de BZD sin control del cuadro o por prevención de nuevas crisis.
- **Fenitoína**: 20 mg/kg a velocidad máxima de infusión de 50 mg/min (25 mg/min en ancianos). No deprime función respiratoria ni SNC; depresión cardiovascular, a máxima velocidad tarda 30 minutos en alcanzar dosis necesarias.
- **Valproato**: bolo inicial 30 mg/kg en 5 minutos con posibilidad de segundo bolo de 10 mg/kg a los 20 minutos si no es efectivo; posteriormente, a los 30 minutos de la última dosis, perfusión de 1 mg/kg/h. Elección en ancianos, cardiópatas y pacientes tratados previamente con valproato; produce leve sedación, contraindicado en hepatopatías y coagulopatías graves.
- **Levetiracetam**: no disponible en nuestro servicio.
- Las guías clínicas difieren en primera elección entre fenitoína y valproato; la decisión la haremos individualmente en cada paciente.

4.) Estatus prolongado (minutos > 30).

- Combinar inicialmente **fenitoína** con **valproato**.
- Usar **vecuronio** como relajante muscular (no altera la exploración neurológica posterior).

- Coma no barbitúrico (recomendado en la actualidad):
  - **Midazolam**: 0,2-0,3 mg/kg bolo inicial (2-4 mg/min); mantenimiento con perfusión 0,1-0,5 mg/kg/h.
  - **Propofol**: 1-2 mg/kg bolo inicial (lento); mantenimiento con perfusión 0,1-0,2 mg/kg/h.

- Coma barbitúrico:
  - **Fenobarbital**: 20 mg/kg bolo inicial (<100 mg/min); mantenimiento con perfusión 0,1-0,2 mg/kg/h.
  - **Thiopental**: 5 mg/kg bolo inicial de 30 segundos (100-200 mg) seguida de 50 mg cada 2-3 minutos hasta control de crisis (<200 mg/min); mantenimiento con perfusión 3-5 mg/kg/h.

- Alternativa antes de anestesia general con **lidocaína**: bolo inicial de 2 mg/kg (<50 mg/min) y perfusión a 4 mg/kg/h.

5.) Tto preventivo tras control.

- Mantener tratamiento IV las primeras 24h con los mismos FAEs que controlaron el cuadro a dosis de mantenimiento.

Derivación y traslado.

Proceder al traslado en UME con preaviso hospitalario a hospital con disponibilidad de UCI.

ALGORITMO TRATAMIENTO ESTATUS EPILÉPTICO

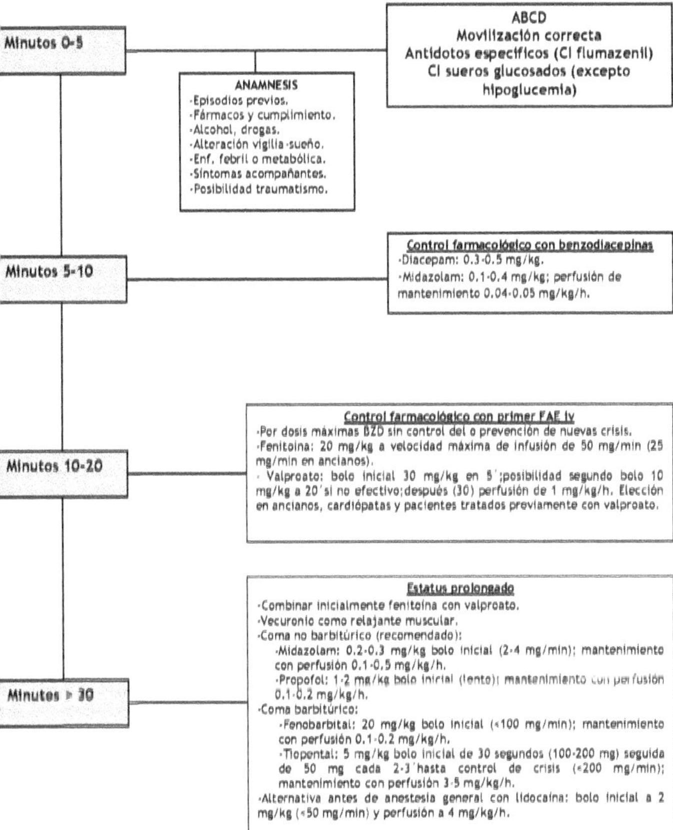

*** Mantener tto iv las primeras 24h. con los mismos FAEs que controlaron el cuadro a dosis de mantenimiento.**
*** Traslado a hospital con disponibilidad de UCI**

Bibliografía.

- L. Jiménez Murillo; F.J. Montero Pérez et al: Medicina de Urgencias y Emergencias. Guía Diagnóstica y Protocolos de Actuación. Elsevier 3º Edición 2008; 57:352-358;359-367;372-382.
- J. García-Moncó Carra. Manual del Médico de Guardia. Ed. Díaz Santos 2006.85-143.5ª edición
- M. Moya Mir Normas de Actuación en Urgencias. Clínica Puerta del Hierro 2008 ; 347-389.3ª edición edit Panamerica
- J. Casado Flores y A. Serrano. Coma en Pediatría. Diagnostico y tratamiento; Edit. Díaz de Santos 1-9; 21-29; 99-105.
- Monografías de emergencias (www.semes.org). Actualización: tratamiento de las crisis epilépticas en urgencias. Vidal Sánchez J.A. Grupo Saned 2009.

Capítulo 12.

EMERGENCIAS PEDIÁTRICAS.

YMª Latorre Martín, R Castro Salanova, P Subirats Dolz, I Villellas Aguilar

CONVULSIONES

Concepto

La crisis convulsiva es una descarga sincrónica y excesiva de un grupo neuronal, que dependiendo de su localización se manifiesta con sintomatología motora, sensitiva, autonómica o de carácter psíquico, con o sin pérdida de conciencia. Las convulsiones son la urgencia neurológica más frecuente en pediatría.

Clasificación

1. Crisis generalizadas: implican una actividad eléctrica anómala en ambos hemisferios y tienen como resultado una pérdida de conciencia.
   - Crisis tonicoclónicas: se inician con una pérdida de conciencia seguida de caída al suelo y de contracciones musculares violentas que alternan con periodos breves de relajación (movimientos espasmódicos).
   - Crisis de ausencia: se caracterizan por pérdida breve de conciencia sin que haya una pérdida del control corporal ni actividad convulsiva. Estas crisis suelen durar unos pocos segundos
2. Crisis parciales: implican una actividad eléctrica neuronal anómala sólo en un hemisferio cerebral y pueden o no conllevar una disminución o pérdida del nivel de conciencia. Cualquier tipo de crisis parcial puede progresar a una crisis generalizada.
   - Crisis parciales simples: mantienen su nivel de consciencia basal durante la crisis. Pueden provocar rigidez o contracciones de los músculos en alguna parte del cuerpo (crisis focal) que pueden progresar involucrando otras áreas (crisis jacksonianas).
   - Crisis parciales complejas: cambios del comportamiento episódicos que pueden implicar alucinaciones visuales o auditivas, manifestaciones emocionales como miedo o rabia no desencadenadas por estímulo externo alguno. Pueden aparecer en combinación con movimientos focales. También pueden consistir sólo en una combinación de movimientos focales.
3. Status epiléptico: crisis continua de una duración > 30 minutos o crisis sucesivas durante más de 30 minutos sin recuperación normal entre ellas. Cualquier clase de crisis puede progresar a status epiléptico.
4. Pseudocrisis: no están causadas por una irritabilidad eléctrica cerebral. Son a menudo desencadenadas por estímulos conscientes o inconscientes. Un ambiente con un nivel de estrés elevado, trastornos del estado del ánimo y el abuso sexual son factores habituales en los niños y adolescentes que experimentan estas crisis. Con frecuencia son difíciles de diferenciar de una crisis tónico-clónica; en la mayoría de los casos los pacientes responderán a estímulos nociceptivos tales como el roce sobre el esternón.

Etiología

- Crisis febril: de los 6 meses y los 6 años. Debe presentarse al inicio de la enfermedad, asociarse a un aumento rápido de fiebre durar menos de 5 minutos y presentar un periodo postcrítico breve o inexistente.

- Epilepsia: el aumento del número de crisis en un niño epiléptico se debe a niveles subterapeúticos de un anticonvulsivante (olvido de medicación, aumento de peso del niño...) o a un evento agudo (fiebre, infección...)
- Lipotimias, espasmos de llanto, sícopes vagales.
- Síncopes cardiacos
- Trastornos metabólicos e hidroelectrolíticos
- Meningoencefalitis.
- Cualquier encefalopatía aguda/crónica, primaria/secundaria
- Alteración orgánica cerebral: hemorragia, tumor
- TCE-lactante zarandeado
- Intoxicación: las medicaciones habituales que pueden producir crisis con sobredosis son antihistamínicos, anticonvulsivantes, cafeína, antagonistas del calcio, digoxina, etanol, etilenglicol, tuberculostáticos y antidepresivos tricíclicos. También los insecticidas

Actitud ante una convulsión.

Cuanto más larga sea la crisis, más difícil será su control y peor su pronóstico. El daño cerebral comienza a partir de los 30 minutos.

1. ABC
    - Vía aérea libre, cabeza ladeada, aspiración de secreciones.
    - Oxigenación, valorar guedel, tener preparado el ambú.
    - Monitorización ECG y pulsioximetría
    - Vía venosa
    - Extraer glucemia capilar
2. Manejo terapéutico:
    - Si fiebre: **paracetamol** IV a dosis de 15mg/kg
    - Si hipoglucemia: **glucosmon 50%** (1ml/kg=0,5 g glucosa/kg)
    - **Diazepam:**
        - IV: 0,3 mg/kg. Hasta 3 veces cada 5 min. Administrar a razón de 1-2 mg/min. Máximo 10 mg.
        - IR: 0,5-1 mg/kg. Dosis máxima 10 mg.
    - Según la edad:
        - >12 meses: **ácido valproico** IV o IR: 20 mg/kg en 5-15 min. Se puede repetir dosis a 10 mg/kg a los 10-20 minutos si la anterior no ha sido efectiva, seguido de dosis de mantenimiento a los 30 minutos de 1 mg/kg/h. No dar en hepatopatías, coagulopatías, pancreatopatías ni enfermedades mitocondriales.
        - En lactantes <12 meses: **fenobarbital**. Dosis 20 mg/kg. Velocidad: <60 mg/min.
    - **Fenitoína**: No administrar antes de los 10 minutos de la crisis ni antes de los 5 minutos tras diazepam IV. Dosis de 10-20 mg/kg (cargar 20 mg/kg y poner al menos hasta 10mg/kg). Administrar lentamente a razón de 20-50 mg/min o 1 mg/kg/min. No mezclar con soluciones glucosadas porque precipita. Riesgo de arritmias cardiacas, hipotensión y PCR. Dosis máxima 1g/24h o 20-30 mg/kg/día.
    - **Clonazepam**: Vida media más larga que el diazepam. Bolo de 0,03 mg/kg a pasar en 2 minutos. Máximo 2 mg. (No disponible en nuestro medio).
    - **Fenobarbital**. Dosis 20 mg/kg. Velocidad: <60 mg/min. Si no cede puede repetirse una segunda dosis a 10 mg/kg. Máximo: 300 mg
    - Ventilación mecánica. **Thiopental**: 2-4 mg/kg, seguido de perfusión a 1-5mg/kg/h.

Si no disponemos de vía intravenosa:

- **Diazepam**: microenemas de 5mg (<10kg) y 10mg (>20kg). Entre 10-20kg se puede repetir 2ª dosis de 5mg.
- **Midazolam**
  - IM a dosis de 0,2-0,3 mg/kg
  - IN ó SL a dosis de 0,4-0,5 mg/kg; máximo 5 mg.
- **Ácido valproico**: IR 20-30 mg/kg

Criterios de ingreso en UCIP

- Persistencia de la crisis epiléptica
- Persistencia de Glasgow bajo
- No recuperación de la normalidad en los movimientos ni en las pupilas (las pupilas deben estar isocóricas, normoreactivas medias o mióticas –por benzodiacepinas-)

ALGORITMO TRATAMIENTO CONVULSIÓN INFANTIL.

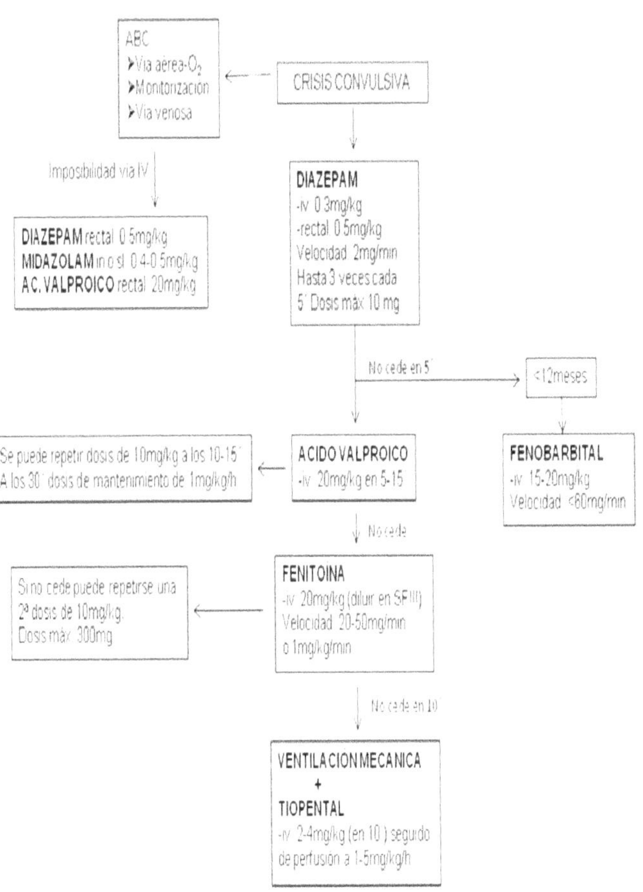

Bibliografía.

- Manual de neurología infantil. 1ª edición de la Sociedad española de neurología. Año 2008
- Valproato sódico inyectable en el tratamiento de las convulsiones y estado de mal convulsivo en la infancia. J Campistol Plana et al. Unidad Integrada del Hospital Sant Joan de Deu-Clinic. Universidad de Barcelona. Emergencias 2002;14:173-181

Insuficiencia respiratoria aguda de origen alto: Laringitis y Epiglotitis.

CRUP laríngeo o LARINGITIS aguda

Obstrucción de la vía aérea superior de 3 o 4 días de evolución (inflamación de la mucosa subglótica).

Se clasifica en:

- Crup viral o laringotraqueítis aguda: se asocia a fiebre, rinorrea y a un curso más tórpido. Mayor frecuencia entre los 6 meses y los 3 años.

- Crup espasmódico: brotes repetidos y bruscos de obstrucción de la vía aérea superior de rápida resolución que afecta a niños más mayores.

El diagnóstico es clinico:

- Tos perruna
- Estridor
- Afonía

  El mejor indicador de la hipoxemia del crup es la frecuencia respiratoria, no siendo fiables ni el estridor, ni la $SatO_2$, ni la gasometría.

Manejo terapeútico:

- Humedad: para fluidificar secreciones y evitar desecación de la mucosa inflamada. No existen estudios que evalúen su eficacia.
- **Adrenalina:** a dosis de 4 mg/4 ml en nebulización a 5 lpm
    - Efecto α-adrenérgico: vasoconstricción en la mucosa subglótica, disminuyendo el edema de la zona.
    - Efecto β-adrenérgico: relaja la musculatura bronquial.
- Corticoides: inhiben la síntesis de IL1, IL2, IL3, IL5, IL6, TNF e interferón; además de bloquear la liberación del PAF, LT, PG y otros metabolitos del ácido araquidónico.

  De elección **dexametasona** (25 veces más activo que hidrocortisona). Su efecto comienza a las 2-3 horas tras su administración. La dosis mínima eficaz es de 0,3mg/kg IV y 0,15mg/kg VO.

  Por vía inhalatoria se usa **budesonida** a dosis de 2 mg/4ml nebulizados a 5 lpm. Este flujo es el adecuado porque es el que hace que las partículas de budesonida inhaladas se depositen en vías aéreas superiores. Flujos mayores hacen que se depositen en vías aéreas inferiores (útil para otras patologías).

NO ESTÁ DEMOSTRADO QUE LA VÍA RESPIRATORIA SEA MÁS EFICAZ NI MÁS RÁPIDA QUE LA VÍA ORAL.

Valoración clínica de la Gravedad: score de Taussing:

Puntos	**0**	**1**	**2**	**3**
Estridor	No	Leve	Moderado en reposo	Grave inspiratorio y espiratorio o ninguno
Retracción	No	Leve	Moderado	Grave, o uso de musculatura accesoria
Entrada de aire	Normal	Leve disminución	Moderada disminución	Importante disminución
Color	Normal			Cianosis
Conciencia	Normal	Intranquilo si se explora	Ansioso. Agitado en reposo	Letárgico Deprimido

Puntuación:

- Leve: <5
- Leve-moderado: 5-6
- Moderado: 7-8
- Grave: >8

Tratamiento según score de Taussing:

- Crup leve: dexametasona vía oral a 0,15mg/kg.
- Crup leve-moderado: tras la dosis de dexametasona oral añadir budesonida nebulizada 2 mg/4ml a 5 lpm para reforzar el efecto de la oral.
- Crup moderado-grave: Lo importante es evitar la necesidad de intubar al niño; para ello empezaremos con aerosol de L-adrenalina 4 mg/4 ml a 5 lpm (hasta 3 aerosoles seguidos en 60-90 minutos; FC>200 x' obligan a suspender el tratamiento) asociado incluso, posteriormente, a dexametasona IV (0,3-0,6mg/kg). Se puede añadir budesonida nebulizada. Si estas medidas fracasan se procederá a intubar al paciente.

EPIGLOTITIS

Infección localizada en los tejidos supraglóticos de evolución rápidamente progresiva y potencialmente mortal si no se instaura el tratamiento correcto a tiempo. Afecta a niños entre los 2 y los 7 años.

Clínica

- Comienzo súbito
- Fiebre elevada
- Odinofagia
- Disfagia
- Posición en trípode, con el cuello en hiperextensión, boca abierta con protusión de la lengua y babeando
- No suele existir tos ni afonía.
- El estridor es de tono bajo y húmedo.

Tratamiento

- Vía aérea estable: Colocar al paciente en posición cómoda (no en supino) en presencia de los padres. Avisar a una UCIP.
- Vía aérea inestable: INTUBACIÓN a ser posible vía nasotraqueal. Evitar en lo posible la manipulación de la cavidad oral y laringe. Es raro que se precise la cricotiroidotomía.
- OXIGENOTERAPIA
- ANTIBIOTERAPIA con cefotaxima 150 mg/kg o **ceftriaxona** a 75mg/kg.

Insuficiencia respiratoria aguda de origen bajo: Bronquiolitis y Asma

BRONQUIOLITIS

Obstrucción inflamatoria de las vías aéreas bajas (de las pequeñas vías aéreas) del lactante. Clínicamente se podría definir como el primer o segundo episodio de dificultad respiratoria sibilante en el lactante menor de un año (a partir del 3er episodio se hablaría de asma).

Cuadro clínico:

- Cuadro catarral previo. Sin fiebre o con febrícula.
- Dificultad respiratoria progresiva (Scores de Silverman o Downes)
- Tos sibilante y aleteo nasal
- Taquipnea, hipoventilación
- Tiraje
- Tórax hiperinsuflado
- Estertores finos al final de la inspiración y comienzo de la espiración, espiración alargada, sibilancias y roncus.
- Irritabilidad

Suele haber mayor severidad a menor edad y asociada a factores de riesgo como cardiopatía congénita, inmunodeficiencia, enfermedades metabólicas... y prematuridad asociada o no a enfermedad pulmonar crónica

Manejo terapéutico:

- Fisioterapia respiratoria, aspirado de secreciones y fluidoterapia
- **Oxigenoterapia**
- **Salbutamol**: mejora la forma aguda de los scores clínicos pero no disminuye el tiempo de estancia en urgencias ni el número de ingresos. Se administra en aerosol: 0,03 ml/kg (mínimo 0,25 ml y máximo 1 ml) con SF hasta 3 ml.
- **L-adrenalina** (1/1000): mejora los scores clínicos pero además disminuye el tiempo de estancia en urgencias y los ingresos clínicos. Se administra en aerosol a 0,5 ml/kg (máximo 5 ml) con SF hasta 10 ml

- **Corticoides:** no hay evidencias que apoyen su utilización.

Tratamiento:

1. Bronquiolitis leve (score de Downes entre 1-3): tratamiento domiciliario. Fisioterapia respiratoria + aspirado de secreciones+ fluidoterapia+ salbutamol nebulizado o inhalado 0,0 3ml/kg con 3 ml SF cada 6-8h
2. Bronquiolitis moderada (score de Downes 4-7): salbutamol nebulizado 0,03 ml/kg con 3 ml SF. Si no mejora continuar con adrenalina nebulizada 0,5 ml/kg + 3 ml de SF y oxigenoterapia.

SCORE DE WOOD-DOWNES MODIFICADO POR FERRES

	0	1	2	3
SIBILANTES	No	Final espiración	Toda espiración	Ins/esp
TIRAJE	No	Subcostal/ intercostal	+supraclavicular +aleteo	+intercostal +supraesternal
FR	<30	31-45	46-60	
FC	<120	>120		
VENTILACIÓN	Buena simétrica	Regular simétrica	Muy disminuída	Tórax silente
CIANOSIS	No	Si		

1-3 Bronquiolitis leve, 4-7 B. moderada, 8-14 B. Grave

ASMA

Transtorno inflamatorio –obstructivo de las vías aéreas, generalmente reversible, acompañado de hiperrreactividad bronquial.

Clínicamente encontramos episodios recurrentes de sibilancias, tos nocturna y a primeras horas de la mañana y disnea. Estos episodios se asocian a obstrucción al flujo aéreo, que es reversible bien espontáneamente bien con tratamiento. La inflamación produce un aumento de la hiperreactividad a diferentes estímulos como el polvo, humo del tabaco, esfuerzos, infecciones...

Tratamiento.

En un primer momento hay que valorar la gravedad de la crisis (ver tabla). El grado de tos, disnea, sibilancias y opresión torácica no siempre se correlacionan con la gravedad de la crisis.

Disponemos del "**Pulmonary Score**" (PS) para valorar la gravedad de la crisis asmática. Es una escala de valoración clínica sencilla y aplicable a todas las edades. Si asociamos el

"Pulmonary Score" con la $SatO_2$ podremos clasificar el episodio en leve, moderado, grave. Si existen discrepancias entre los síntomas clínicos y la $SatO_2$ siempre consideraremos el peor.

Tabla 1. Pulmonary Score

Puntuación	Frecuencia respiratoria		Sibilancias	Uso de músculos accesorios-Esternocleidomastoideo
	< 6 años	≥ 6 años		
0	< 30	< 20	No	No
1	31 – 45	21 – 35	Final espiración (estetoscopio)	Incremento leve
2	46 – 60	36 – 50	Toda la espiración (estetoscopio)	Aumentado
3	> 60	> 50	Inspiración y espiración, sin estetoscopio*	Actividad máxima

	PS	$SatO_2$
Leve	**0 – 3**	**>94%**
Moderada	**4 – 6**	**91 – 94%**
Grave	**7 – 9**	**<91%**

Disponemos de distintos fármacos para el abordaje terapéutico:

Adrenérgicos de acción corta. Constituyen la primera línea de tratamiento. La vía de elección es la inhalatoria por sus escasos efectos secundarios con pico de acción más rápido y más eficaz que la sistémica. La administración en cámara es tan efectiva como la nebulización. Producen relajación de la musculatura lisa y broncodilatación.

- **Salbutamol**: la dosis será de 2 puff (0,1mg/puff)/15 ó 20 min en cámara. Solución de 5 mg/ml: 0,01-0,03 ml/kg/dosis (máximo 1 ml/dosis; mínimo 0,25 ml/dosis). Añadir SSF hasta completar 3 ml y nebulizar con O_2 al 100% con un flujo de 6 lpm.
- **Adrenalina**: 1mg/ml (1:1000). La dosis es de 0,01 ml/kg/dosis SC (máximo 0,3 ml/dosis). La adrenalina subcutánea se utiliza en situaciones de shock anafiláctico o cuando en una situación urgente no se dispone de otra vía.

Anticolinérgicos:

- **Bromuro de ipratropio**: es un broncodilatador sobretodo de grandes vías aéreas. De elección en el broncoespasmo por fármacos betabloqueantes. Sólo revierten el broncoespasmo colinérgico, no bloquean el inducido por el ejercicio. La evidencia de su uso en lactantes es limitada y contradictoria. Produce una inhibición competitiva de los receptores colinérgicos muscarínicos, disminuyen el tono vagal intrínseco de las vías aéreas y bloquean la constricción refleja secundaria a irritantes o a esofagitis por reflujo. También disminuyen la secreción de moco. Dosis: solución de nebulizador 250 µg/2ml (<12años), 500 µg/2ml (>12años). Nebulizar 1 ml de solución en 3ml de SF cada 20 minutos hasta 3 dosis. Puede administrarse en el mismo aerosol que el β_2 adrenérgico.

Corticoides:

- En nuestro medio, **metilprednisolona**. Indicada en las crisis moderadas y graves para evitar la progresión de las mismas, revierten la inflamación, aceleran la recuperación y reducen el índice de recidivas. La administración vía oral es igual de eficaz que la intravenosa en ausencia de vómitos. Dosis de ataque: 1-2 mg/kg (máximo 60 mg) y después 1-2 mg/kg/día en 1-3 dosis.
- Inhalados: **budesonida**. La indicación de su uso en caso de crisis agudas es controvertido. No existen evidencias suficientes para su uso.

ALGORITMO TRATAMIENTO DEL ASMA.

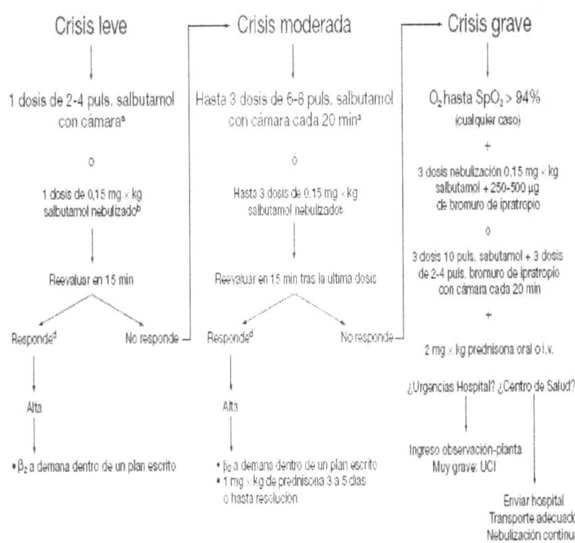

[a]Tratamiento de elección.
[b]Mínimo 1,25 mg (0,25 ml), máximo 5 mg (1 ml).
[c]20 µg/puls.
[d]Se entiende que responde al pulmonary score < 4 y Sp=2 = 94 %.

Status asmático.

Episodio asmático severo y persistente de aparición aguda que no responde a tratamiento broncodilatador convencional y conduce al paciente a una situación de insuficiencia respiratoria grave. Score de Downes ≥ 5.

Tratamiento

Medidas generales

- Monitorizar ECG, FR, TA, pulsioximetría y Tª.
- Mantener en reposo, semisentado.
- Oxigenoterapia en mascarilla inicialmente.

Actitud terapéutica

Downes 5-6:

- O_2 en mascarilla venturi.
- **Eufilina**:

Ataque	5 mg/kg en 20 minutos diluido en SSF 2,5 mg/kg si tratamiento previo con teofilinas				
Edad BPC mg/kg/h	RN 0,16	1 – 6 m 0,5	7 – 12 m 0,85	1 – 9 a 1	10 – 15 a 0,75

- **Salbutamol**: dosis de ataque 5-10 μg/kg IV en 10 minutos, según la frecuencia cardiaca. Mantenimiento con 0,2-0,5 μg/kg/min (dosis máxima: 1 μg/kg/min, por riesgo de hipokaliemia, TSV, extrasístoles).
- **Metilprednisolona** IV: 2 mg/kg (máximo 60 mg).

Downes 7-8:

- CPAP nasal iniciando con presión a 10-20 mmHg y subir a 20 mmHg si no es suficiente. La CPAP puede mejorar la ventilación alveolar y disminuir el trabajo respiratorio. Es una forma de evitar la ventilación mecánica tanto más cuanto menor es el niño.

Downes 9-10. Indicación de VM si

- Insuficiencia respiratoria aguda con acidosis respiratoria (PCO_2 >55mmHg; pH<7.28)
- Hipercapnia en aumento a pesar del manejo terapéutico intensivo.
- Falta de respuesta al CPAP
- Procedimiento:

  Sedación con **ketamina** por su efecto broncodilatador, a dosis 1-2 mg/kg IV a una velocidad de 0,5 mg/kg/min. Produce taquicardia e hipotensión.

Valores del respirador: por riesgo de atrapamiento aéreo se deben disminuir la FR y el Vt. Hipercapnia permisiva (hasta 90 mmHg)

-FR bajas: 10 – 20 x'
-Presión mínima necesaria para evitar barotrauma. P meseta <30-35, P pico < 40-45, PEEP extrínseca de 0-5 cm de H_2O (50-70% del autopeep)
-Vt= 6-7 ml/kg
-I/E: 1:3, 1:4
-Flujo inspiratorio elevado: 1-2 l/kg/min

Bibliografía.

- Manual de Diagnóstico y Terapéutica en Pediatría. 4ª edición.
- Manual de Urgencias 2006 HCU
- Consenso sobre tratamiento del asma infantil. Sociedad española de Neumología pediátrica, Sociedad española de Inmunología Clínica y Alergia pediátrica, Sociedad española de Pediatría extrahospitalaria y de Atención primaria, Asociación española de Pediatría de Atención primaria y Sociedad española de urgencias de pediatría.
- Manual de Neurología Infantil. 1ª edición de la Sociedad Española de Neurología. Año 2008
- Manual de Cuidados Intensivos Pediátricos. 3ª edición. Año 2009. J López-Herce Cid et al.

Capítulo 13

EMERGENCIAS OBSTÉTRICAS: PARTO EXTRAHOSPITALARIO, ESTADOS HIPERTENSIVOS DEL EMBARAZO Y SITUACIONES ESPECIALES.

I Negredo Quintana, YM ªLatorre Martín, I Villellas Aguilar, MP Subirats Dolz

PARTO EXTRAHOSPITALARIO

Concepto.

A pesar del cada vez mayor control de la gestación, y del mayor nivel cultural, aún hoy en día no es infrecuente el que los profesionales de las urgencias tengan que asistir al parto. Es considerado una emergencia debido a las potenciales complicaciones materno-fetales, y al tener que asistirlo sin las condiciones ideales que proporciona un paritorio.

En este capítulo se plantean fundamentalmente dos objetivos:

- "Quitar hierro" a la asistencia al parto. Es evidente que siempre nos pone algo tensos y nerviosos este tipo de atención, cuando en realidad no se trata de ninguna patología, y menos aún grave, sino de un hecho fisiológico y natural; no exento de complicaciones, pero que en la gran mayoría de los casos nuestra intervención se limitará a la de ser meros "espectadores activos".
- Dar una serie de pautas someras pero precisas sobre el manejo extrahospitalario de este evento.

Asistencia con expulsivo completado

De forma simultánea se efectuará valoración y reanimación del neonato y valoración materna.

- **Valoración Neonato:**
  - Tª rectal.
  - Glucemia de talón.
  - Test APGAR: al minuto (al nacimiento) y a los 5'. (Tabla 1)
  - FC>100.
  - Test SILVERMAN-ANDERSON. (Tabla 2)
  - Preguntar sobre las condiciones del parto y del neonato al nacimiento.
- **Reanimación del neonato:**
  - Si el recién nacido no requiere cuidados especiales, se le limpian secreciones (boca-nariz), se estimula, se recalienta y protege de la hipotermia, y se le da a la madre para favorecer el contacto físico entre ambos.
- **Valoración y filiación de la Madre:**
  - Hª Clínica (posibles convulsiones, disnea, sangrado, edemas)
  - Exploración: cardiopulmonar, abdomen, genital, signos de shock...
  - Monitorizar constantes: TA, Tª, FC, FR...
  - Nombre, apellidos, edad.
  - Antecedentes personales, tratamientos importantes, alergias.
  - Antecedentes médicos y obstétricos (número de partos, complicaciones, gestación actual, infecciones...)
  - Comprobar estado del alumbramiento y sangrado.(Ver asistencia al alumbramiento)

Medidas generales

- Valorar la posibilidad de traslado a H. Materno de referencia; etapa del trabajo de parto/distancia a Hospital.
- Proporcionar, dentro de nuestras posibilidades, la mayor comodidad posible a la madre. Tranquilizar.
- Valoración Materno-fetal completa.
    - Recabar la información necesaria:
        - Nombre, apellidos, edad.
        - Antecedentes personales, tratamientos importantes, alergias.
        - Antecedentes obstétricos: número de partos, complicaciones anteriores.
        - Gestación actual:
            - Edad gestacional. Curso embarazo. Infecciones (HB, HIV,etc). Informes o ecografías realizados durante el embarazo. (Cartilla de Control prenatal)
            - Valorar dinámica uterina, expulsión del tapón mucoso y rotura de membranas.
    - Exploración
        - Exploración física (pulso, TA, glucemia, auscultación cardiaca y pulmonar, edemas en MMII, temperatura, estado emocional). Funciones vitales maternas: monitorización electrocardiográfica y oximetría del pulso.
        - Altura uterina para calcular la edad de gestación.
        - Maniobras de palpación abdominal obstétrica para saber la situación y la presentación fetal. Maniobras de Leopold:

            - 1ª maniobra: determinar si en el fondo del útero está la cabeza o las nalgas.

            - 2ª maniobra: determinar la posición de la espalda fetal opuesta a las extremidades.

            - 3ª maniobra: registrar si la cabeza o nalgas están por encima de la sínfisis del pubis.

            - 4ª maniobra: registrar la posición de la prominencia cefálica.

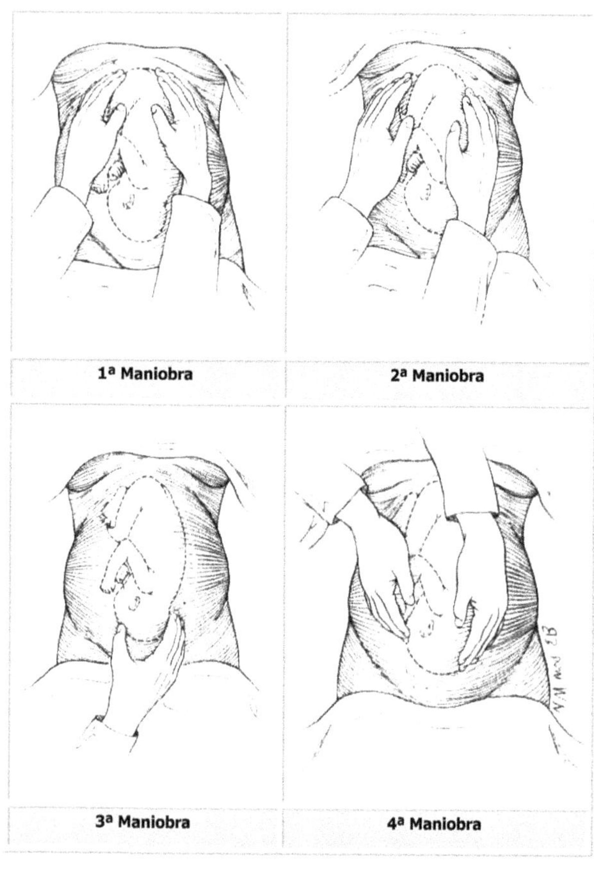

- Comprobar la actividad uterina: intensidad, número y frecuencia de contracciones (2- 3 cada 10 minutos).
- Estado fetal: monitorización del LF (sonicaid o monitor).
- Tacto vaginal:
  - Situación, longitud, consistencia y dilatación del cuello uterino.
  - Presentación (tipo de presentación fetal, posición y plano de Hodge).

- Integridad o no de la bolsa de las aguas, y en caso de rotura de bolsa color del L A.

- Infusión endovenosa para: mantener vía, hidratar a la paciente o administrar medicación con S. glucosado al 5%, Ringer o Fisiológico.

- **Test de Malinas.** Test de valoración del tiempo previsto para el parto

Puntuación	0	1	2	Total
Paridad	1	2	> 3	
Duración del parto	< 3 h	3-5 h	> 6 h	
Duración de las contracciones	< 1 min	1 min	> 1 min	
Intervalo entre contracciones	> 5 min	3-5 min	< 3 min	
Rotura de la bolsa	no	Recientemente	> 1 h	

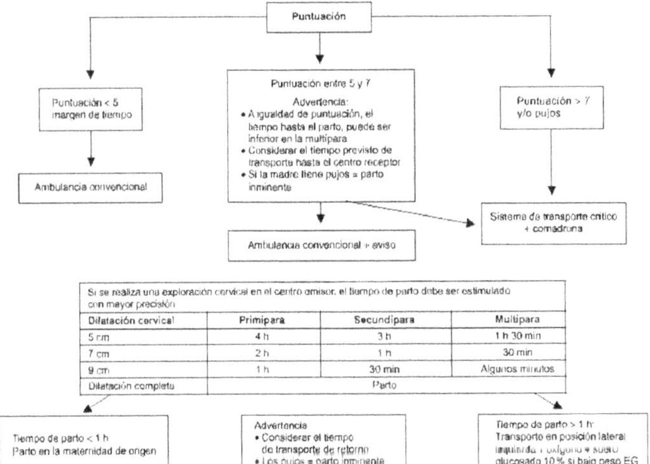

Si se realiza una exploración cervical en el centro emisor. el tiempo de parto debe ser estimulado con mayor precisión			
Dilatación cervical	**Primipara**	**Secundipara**	**Multipara**
5 cm	4 h	3 h	1 h 30 min
7 cm	2 h	1 h	30 min
9 cm	1 h	30 min	Algunos minutos
Dilatación completa	Parto		

Asistencia al expulsivo inminente

Se trata de un parto inminente si existe

- Dilatación completa.
- Descenso fetal a través de canal obstétrico.
- Contracciones fuertes (2-3 min).
- Deseos de empujar.
- Coronación

Conducta

- Instalar a la mujer embarazada lo más cómodamente posible. La posición que la parturienta quiera.

- Ayudar con la respiración: empujar sólo con la contracción. Entre contracciones: descanso y relajación

- Colocar sábanas y empapadores.

- Limpiar la zona perineal con solución antiséptica (No Betadine®; usar Clorhexidina®)

- Expulsión del feto:

    - Colocar ambas manos en los lados de la cabeza del niño haciendo una ligera flexión hacia abajo, pidiendo a la mujer que puje.

    - Debe evitarse la expulsión rápida, porque se produce un cambio vertiginoso de la presión dentro del cráneo fetal moldeado que puede tener como resultado desgarros durales o subdurales y puede causar en la madre laceraciones o desgarros perineales o vaginales.

    - Maniobra de Ritgen: una mano sobre el vértice de la cabeza para controlar el movimiento y la otra sobre el periné buscando el mentón del feto.

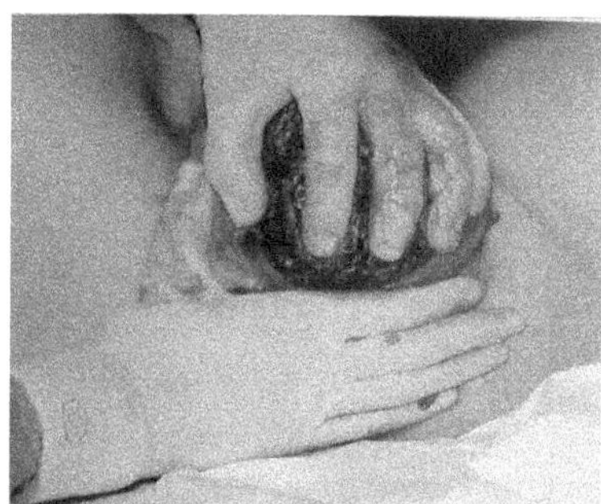

- Sujetar la cabeza del niño cuando pase a través de la abertura vaginal.

- Para determinar si el cordón umbilical está enrollado alrededor del cuello, se intentará palparlo con el dedo. Si está enrollado con holgura, es posible que pueda ser deslizado por encima de la cabeza o el hombro del niño. En algunas ocasiones, aunque son escasas, puede encontrarse el cordón umbilical tan apretado alrededor del cuello del niño como para causar una hipoxia. Si esto sucede, habrá que tratar de ligar y cortar el cordón en ese momento.

- Salida de los hombros. Se liberan si es necesario: Ejercer, a continuación, sobre la cabeza del niño, una presión suave hacia abajo, de manera que salga el hombro anterior por debajo de la sínfisis del pubis y actúe como punto de apoyo. Después, a medida que se ejerce una presión suave en la dirección opuesta, el hombro posterior, que ha pasado sobre el sacro y el cóccix, sale de la vagina.

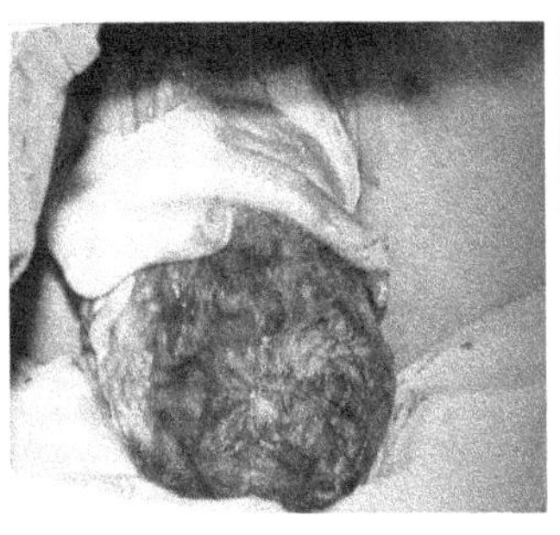
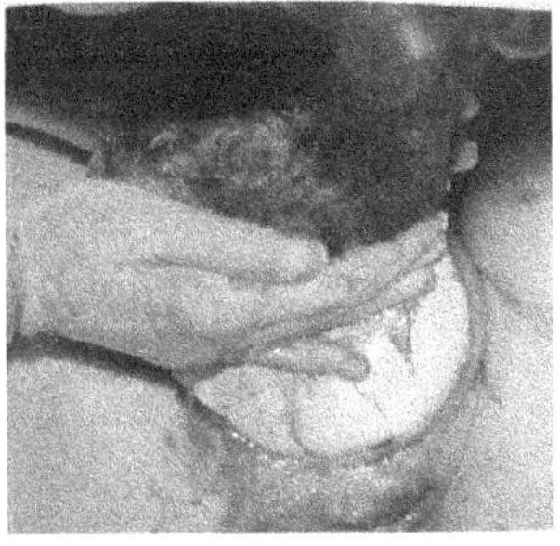

- Es importante sostener al bebé con firmeza, porque el resto del cuerpo puede salir con rapidez y resbalar de las manos.
- En una mano se apoyará la cabeza y la espalda del bebé y los glúteos en la otra.
- Las siguientes acciones irán dirigidas a limpiar las secreciones bucales y nasales del niño. La presencia de moco, de sangre o de meconio en las vías nasales o en la cavidad oral pueden impedir que el recién nacido empiece a respirar. Se pueden utilizar gasas o compresas húmedas.
- Sólo se guía, ayuda y sostiene al bebe. NUNCA tirar del niño hacia fuera.

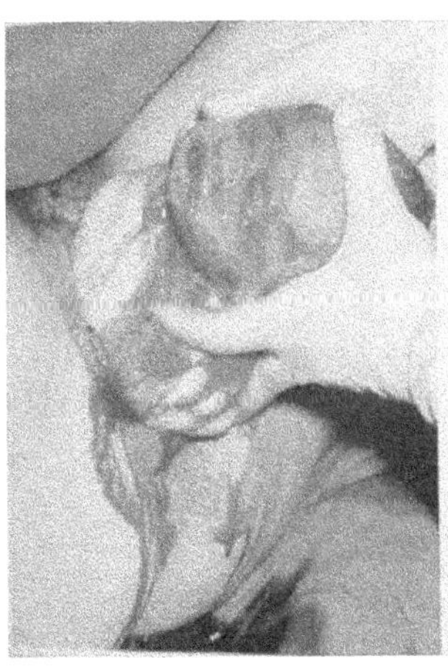
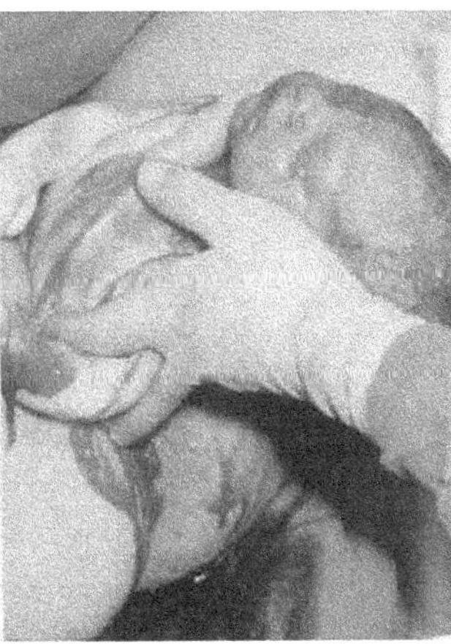

- Una vez que el recién nacido está completamente fuera de la madre habrá de secarle con rapidez para evitar la pérdida rápida de calor.

- Mantener al niño al mismo nivel del útero de la madre hasta que el cordón umbilical deje de latir. Es importante hacer esto para evitar que la sangre del recién nacido fluya hacia o desde la placenta, con las resultantes hipo o hipervolemia.

- A continuación se colocará al bebé sobre el abdomen de la madre, abrigándole para que no pierda calor.

- Se anotará la fecha y hora del nacimiento.

- Cuando el cordón umbilical deje de latir se hará una doble ligadura de la siguiente manera:

  - A 10 centímetros del ombligo del niño, hacer dos ligaduras con pinzas o hilo fuerte sumergido en alcohol a 90° o lo más limpio posible, asegurándose de la eficacia de la ligadura.

  - El corte del cordón no es imprescindible realizarlo en ese momento, sobre todo, si no se dispone de pinzas apropiadas y una herramienta estéril de corte, dejando que el personal del hospital lo corte más tarde. No obstante, será importante asegurar que el cordón no esté tenso, ya que esto podría desgarrar el propio cordón o la placenta, o invertir el útero.

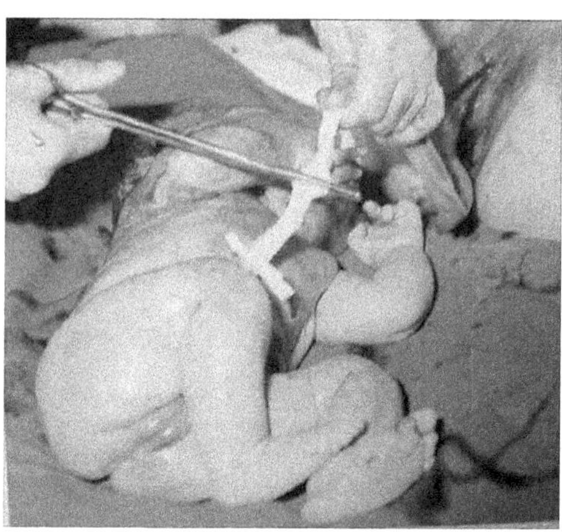

Asistencia al periodo del alumbramiento

- Abarca el periodo comprendido entre la salida fetal y la expulsión de la placenta y de las membranas ovulares.

- Se considera normal una duración de 30 minutos.

- Conducta Obstétrica:

    - Comprobar que la pérdida hemática no sea abundante-

    - Si no se constata hemorragia se espera a que salga la placenta. El desprendimiento placentario se evidencia por la salida de sangre oscura y por el descenso del cordón.

    - En este momento se tracciona ligera y constantemente del cordón hasta la salida de la placenta. La tracción no debe ser excesivamente brusca para no romper el cordón.

    - Junto con la placenta salen las membranas ovulares. Si estas se rompen, se pinzan con un Foster o cualquier otra pinza y se tracciona ligeramente rotando la pinza sobre si misma hasta su extracción total.

    - Una vez que sale la placenta, comprobar que el sangrado disminuye y que se forma el globo de seguridad uterino. En caso contrario se efectuará un ligero masaje uterino.

    - Revisión de la placenta y de las membranas por ambas caras para comprobar su integridad. Si hay cotiledones sangrantes o vasos rotos.

    - Aplicar unas compresas sanitarias o toallas sobre la abertura vaginal, manteniendo las medidas de observación y control por si hubiera una hemorragia excesiva.

    - Traslado de la parturienta con las piernas cruzadas

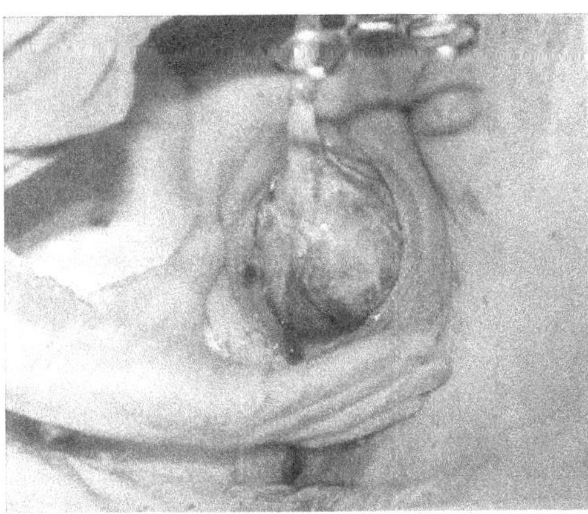

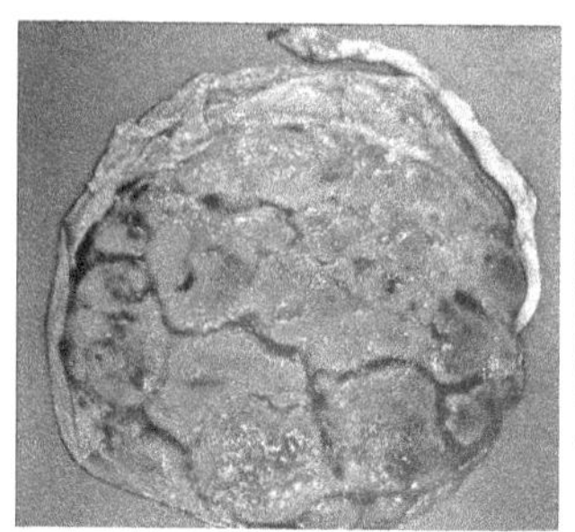

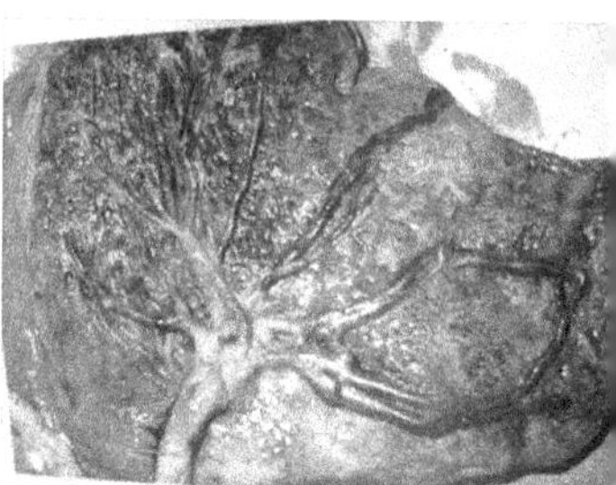

Complicaciones

HEMORRAGIA POST-PARTO.

- Pérdida superior a 500 cc.
- Comprobar que no hay retención de restos de placenta y membranas.
- Conservar el tono uterino con infusión de **oxitocina** (1ampolla= 10 UI). Disolver 10 - 40 UI en 500 cc de SG5% e infundir a una velocidad adecuada para el control de la hemorragia; para sangrados leves o moderados, pasar los 500cc en 1 hora; en graves pasarlos en 20-30 minutos (además de las medidas habituales en hipovolemia).
- Masaje a nivel del fondo uterino y colocación de peso (1-2 kg) posterior en abdomen, más oxitocina y/o prostaglandinas intramusculares o intramiometriales. Si fracasa: taponamiento con gasas.

Tabla 1. Test de APGAR. Test de vitalidad neonatal.

SIGNO	0	1	2
Frecuencia Cardiaca	Ausente	< 100 lpm	> 100 lpm
Esfuerzo Respiratorio	Ausente	Irregular, lento	Llanto vigoroso
Tono Muscular	Flácido	Extremidades algo flexionadas	Movimientos activos
Respuesta a Estimulos (Paso de sonda)	Sin respuesta	Muecas	Llanto
Coloración	Cianosis o Palidez	Acrocianosis, tronco rosado	Rosáceo

Tabla 2. Test de SILVERMAN-ANDERSON. Test de valoración respiratoria neonatal.

SIGNOS	2	1	0
Quejido espiratorio	Audible sin fonendo 	Audible con el fonendo 	Ausente 
Respiración nasal	Aleteo 	Dilatación 	Ausente 
Retracción costal	Marcada 	Débil 	Ausente 
Retracción esternal	Hundimiento del cuerpo 	Hundimiento de la punta 	Ausente 
Concordancia toraco-abdominal	Discordancia 	Hundimiento de tórax y el abdomen 	Expansión de ambos en la inspiración 

VALORACIÓN:

- Se considera una dificultad respiratoria leve cuando hay un puntaje en el test de Silverman de 3 puntos.
- Se considera una dificultad respiratoria moderada cuando hay un puntaje en el test de Silverman entre 4 y 6 puntos.
- Se considera una dificultad respiratoria severa cuando hay un puntaje en el test de Silverman de 7 puntos.

ESTADOS HIPERTENSIVOS DEL EMBARAZO (E.H.E.)

Concepto.

Alteraciones del sistema cardiovascular que aparecen casi siempre, a partir de la 20 S de gestación (antes en enfermedad trofoblástica) o se agravan durante el embarazo, parto o puerperio inmediato, con signo común de: TAS≥140 mmHg y/o TAD≥90 mmHg, al menos en dos ocasiones con intervalo de 6 horas.

- **Clasificación:**
  - HTA inducida por el embarazo:
    - Preeclampsia: leve o grave.
    - Eclampsia: convulsiva o comatosa.
  - HTA crónica previa al embarazo (cualquier etiología).
  - HTA crónica + HTA propia del embarazo:
    - Preeclampsia: leve o grave.
    - Eclampsia: convulsiva o comatosa.
  - HTA tardía o transitoria.
- **Conceptos:**
  - Preeclampsia: toda HTA gestacional + proteinuria > 300 mg /24h.
    - Leve: TAS≥140 mmHg y/o TAD≥90 mmHg; o ascenso TAS≥30 mmHg en dos tomas separadas 4 horas; y/o ascenso TAD≥15 mmHg con respecto a previos a la 20S de gestación.
    - Grave: TAS≥160 mmHg y/o TAD≥110 mmHg en dos tomas separadas 4 horas; también si preeclampsia leve + alguno de los siguientes:
      - Oliguria < 500ml/24h.
      - Alteraciones cerebro-visuales: cefalea persistente, hiperreflexia o clonus, escotomas.
      - Epigastralgia y/o dolor hipocondrio derecho persistentes.
      - Síndrome HELLP (hemólisis + enzimas hepáticas ↑ + plaquetopenia).
      - Edema pulmonar.
  - Eclampsia: crisis convulsivas generalizadas acompañando a un E.H.E. Diagnóstico diferencial con epilepsia, enfermedades SNC, metabólicas e infecciosas.

Diagnóstico de sospecha.

1.) Anamnesis.
- HTA previa al embarazo y mediciones TA al principio de la gestación.
- Causas aparentes de HTA: neuropatía, lupus,...

2.) Clínica y exploración física.
- Peso materno, TA, Tª y presencia de edemas.
- ECG.
- Exploración de fondo de ojo si experiencia.
- Valoración cardiovascular: cianosis, taquicardia, ↑ FR, descartar IC.

- Exploración neurológica: cefalea persistente (generalmente frontal y resistente a analgesia habitual), alteraciones visuales, tinnitus, especial énfasis en ROT profundos (hiperreflexia).
- Exploración abdominal: valorar hipersensibilidad hepática y/o epigastralgia persistentes (hemorragia subcapsular) y/o ascitis.
- Renal: valorar oliguria y hematuria.

Manejo y tratamiento.

Tratamiento definitivo EHE.

Finalización de la gestación. Conducta conservadora en casos lejos de término de gestación.

Preeclampsia.

- **Leve:**
  - Alta con indicación de acudir a su especialista para control ambulatorio.
  - Reposo en cama en decúbito lateral izquierdo, restricción moderada de sal.
  - Ingreso si:
    - Síntomas que sugieran posibilidad de eclampsia (trastornos neurológicos o visuales, dolor epigástrico, etc.).
    - Sin control ni tratamiento adecuado en domicilio.
    - Cualquier signo o síntoma de preeclampsia grave.
    - No diagnóstico previo.
- **Grave:**
  - Traslado para ingreso hospitalario.
  - Reposo en decúbito lateral izquierdo.
  - Monitorización completa (TA/5´).
  - Vía venosa con SF o RL a 100-125 ml/h.
  - Sonda vesical para control de diuresis.
  - Tratamiento farmacológico:
    - Si TAS<160 mmHg y/o TAD<105 mmHg, no es necesario, salvo afectación de órganos diana.
    - Si TAS>160 mmHg y/o TAD>105 mmHg (urgencia HTA):
      - Pauta prevención de eclampsia: 4 gr de **sulfato de Mg** IV en no menos de 10 minutos; después perfusión de 1gr/h. durante 24h.

Control toxicidad por sulfato de magnesio

- Continuar con perfusión si el reflejo rotuliano es activo, si la FR>16x' y si la diuresis es de, al menos, 100 cc en las últimas 3 horas.
- Antídoto: **gluconato cálcico** IV (amp 1gr/10ml = 4,65 mEq de Ca). Administrar 5-10 mEq IV

      - **Nifedipino** sublingual: 10 mg/20min (máx 3 dosis). **Captopril** contraindicado por afectación circulación fetal. Puede usarse también **labetalol**: 10 mg IV bolo lento, doblar dosis cada 10 min hasta obtener respuesta o máximo de 300 mg. Posteriormente perfusión de 1-2 mg/min hasta cifras de TA deseadas, entonces reducir a 0,5 mg/min.

- **Nitroprusiato** IV: metabolitos tóxicos para el feto, sólo en refractarias o grave compromiso hemodinámico de la madre. Iniciar perfusión a 0,25-0,3 μg/kg/min durante un máximo de 30 minutos.

Si con un hipotensor no se controla la TA, añadir un segundo, reservando el nitroprusiato para casos refractarios.

Eclampsia.

- Control de vía aérea: tubo de Guedell, IOT si precisa (usar fármacos habituales según hemodinámica).
- Cabeza ladeada en plano inferior al resto del cuerpo.
- Oxigenoterapia 6lx´al 30% inicialmente; modificar FiO2 en función de la hipoxemia, conseguir ritmo respiratorio < 30x´.
- Adoptar resto de medidas indicadas en preeclampsia grave.
- Tratamiento farmacológico de las convulsiones:
  - 4 gr de **sulfato de Mg** IV en no menos de 10minutos; después perfusión de 1gr/h durante 24h.
  - Si no ceden las convulsiones, **tiopental sódico**: 0,2-0,3 g IV con posterior adaptación de dosis según respuesta individual.
  - Control toxicidad por sulfato de Mg.
  - Control farmacológico de la TA con los mismos criterios de preeclampsia.

Derivación y traslado.

Proceder al traslado en UME con preaviso hospitalario, según criterios:

A-Criterios de ingreso en UCI:

- Eclampsia.
- Preeclamsia grave con riesgo alto de eclampsia.

B-Criterios de ingreso en planta:

- Preeclampsia leve no conocida.
- Preeclampsia leve con signos que sugieran paso a grave.
- Preeclamsia leve sin control familiar ni farmacológico en domicilio.
- Preeclampsia grave.

Traslado a Hospital con UCI Neonatal en caso de gestaciones pretérmino.

AMENAZA DE PARTO PRETERMINO

- Parto prematuro es el que ocurre antes de las 37 semanas de gestación.
- Hidratación adecuada de la paciente. Colocar una vía endovenosa para administrar 500-1000 cc SF en 30-60 minutos.
- Iniciar tocolisis si persisten contracciones tras hidratación.

TOCOLISIS.

Administración de betamiméticos o **Atosiban**:

- Betamiméticos (**Pre-Par**® ó **Salbutamol** (I.V.):
  - **Pre-Par**® (2ampollas en 500 de Glucosado al 5%)
    - ✓ Dosis útero-inhibitorias (250 µg/minuto) para frenar totalmente la dinámica.
    - ✓ Dosis menores de 100–150 µg/minuto, para disminuir la intensidad y la frecuencia de la dinámica sin llegar a inhibirla.
  - **Salbutamol**:
    - ✓ Perfusión de 100 a 250 µg en 100 cc SF en 20 minutos.
- **Atosiban** (**Tractocile**®): (no disponible en nuestro medio)
  - ✓ Bolo de 6,75 mg en 1 minuto
  - ✓ Dosis de carga 300µg/minuto/3 horas
  - ✓ Mantenimiento dosis menor 6mg/h hasta 45h

ABRUPTIO PLACENTAE O DESPRENDIMIENTO DE PLACENTA

Corresponde a la separación de la placenta, total o parcial, de su inserción en la pared uterina, antes de la salida del feto. Factores Precipitantes:

- Traumatismos (de gran violencia)
- Disminución brusca del volumen uterino (ej. rotura de membranas asociado a polihidramnios, etc).

Diagnóstico: Cuadro Clínico:

- Metrorragia: de cuantía variable, según la magnitud del desprendimiento
- Compromiso hemodinámico, es frecuente, y no necesariamente se relaciona con la magnitud del sangrado externo (coágulo retroplacentario).
- Contractura uterina (contracción uterina mantenida y dolorosa), es el signo semiológico distintivo del DPPNI, y se asocia a alteración de latidos cardiofetales

- Sufrimiento fetal es frecuente, y se relaciona con el porcentaje de la superficie de implantación placentaria desprendida.

Manejo:

- No existe ningún tratamiento para detener el desprendimiento de la placenta o para su reimplantación. Cuando se diagnostica el desprendimiento de la placenta, el cuidado de la madre depende de la cantidad del sangrado, la edad gestacional y el estado del feto. En la mayoría de los casos de desprendimiento de la placenta se realiza un parto por cesárea. La pérdida severa de sangre puede requerir una transfusión sanguínea.
- Contraindicado tacto vaginal
- Manejo hemodinámico.
- Manejo de las complicaciones.
- Tocolisis contraindicada. En edades gestacionales menores a 32 semanas, valorar individualmente la posibilidad de administrar tocolisis endovenosa.

PLACENTA PREVIA

Se entiende por tal a la placenta implantada en el segmento inferior del útero, de modo que ésta tiene una posición caudal con respecto a la presentación fetal al momento del parto. Clasificación:

- Placenta Previa Oclusiva Total: cubre completamente el orificio cervical interno.
- Placenta Previa Oclusiva Parcial: cubre parcialmente el OCI.
- Placenta Previa Marginal: el borde placentario llega hasta el margen del OCI, sin cubrirlo.
- Placenta Implantación Baja: se implanta en el segmento inferior, pero sin alcanzar el OCI.

Diagnóstico:

- Cuadro Clínico:
    - Metrorragia: habitualmente de escasa cuantía, de comienzo insidioso.
    - Compromiso hemodinámico: habitualmente ausente, y en relación directa con la magnitud del sangrado externo.
    - Útero relajado: no existe contractura uterina, pero si es frecuente la asociación a contracciones uterinas que son las responsables de modificaciones cervicales iniciales y aparición de sangrado desde la placenta implantada sobre el OCI.
    - Presentación distócica: ante la presencia de metrorragia de la segunda mitad de la gestación, una presentación distócica (habitualmente de tronco) debe hacer pensar en el diagnóstico de placenta previa.
    - Compromiso fetal: poco frecuente.

- Ecografía:
    - Es el elemento más útil en el diagnóstico de la inserción placentaria, si se dispone de ella, es preferible efectuar una ecografía con transductor vaginal.
    - En el manejo clínico de la paciente con metrorragia de la segunda mitad de la gestación, debe evitarse el tacto vaginal, en tanto no se haya descartado ecográficamente el diagnóstico de placenta previa, ya que en estos casos la manipulación digital del cérvix puede aumentar la magnitud del sangrado

- Presencia de cordón umbilical que se palpa delante de la presentación fetal, con la bolsa de las aguas rota.
- Es una situación muy grave y que puede producir la muerte fetal en pocos minutos por asfixia, al interrumpirse de forma brusca el flujo sanguíneo materno-fetal.
- Si el cordón no se comprime por la presentación, el pronóstico fetal es mejor, pero de todas maneras hay que actuar con urgencia.
- Se diagnostica al ver al cordón asomando por la vulva o en la vagina, o localizándolo por tacto vaginal.

Conducta obstétrica:

- Colocar la paciente en posición de trendelemburg.
- Tacto vaginal para confirmar el latido del cordón umbilical y para descomprimirlo desplazando la presentación hacia arriba.
- Tocolisis: perfusión endovenosa de beta-miméticos a dosis altas: 250 μg/min.
- Sin retirar la mano de la vagina, evacuar a la paciente al Hospital capacitado más próximo para realizar una cesárea (valorar transporte aéreo según distancia).

ALGORITMO ENFERMEDAD HIPERTENSIVA DEL EMBARAZO.

VALORACION INICIAL
ABCD

PREECLAMPSIA

Grave: TAS≥160 mmHg y/o TAD≥110 mmHg en dos tomas separadas 4 horas; también si preeclampsia leve + alguno de los siguientes:

- Oliguria < 500ml/24h.
- Alteraciones cerebro-visuales: cefalea persistente, hiperreflexia o clonus, escotomas.
- Epigastralgia y/o dolor hipocondrio derecho persistentes.
- Síndrome HELLP (hemólisis + enzimas hepáticas ↑ + plaquetopenia).
- Edema pulmonar.

ECLAMPSIA

crisis convulsivas generalizadas acompañando a un E.H.E.

- HTA previa al embarazo
- Otras causas aparentes de HTA
- Alergias, enf. y ttos previos
- EHE ya conocido o de novo
- Control gestación por especialista
- Control y tto adecuados en domicilio

ANAMNESIS

Traslado para ingreso hospitalario
Reposo en decúbito lateral izdo
Monitorización FC, SpO2, TA y Tª
Realizar ECG
Vía periférica 14-16G (SF ó RL)
Glucemia capilar
Sondaje vesical
SNG
Valoración SNC, abdomen y diuresis

- Control de vía aérea: tubo de Guedell, IOT si precisa (usar fármacos habituales según hemodinámica).
- Cabeza ladeada en plano inferior al resto del cuerpo.
- Oxigenoterapia 6lx´al 30% inicialmente; modificar FiO2 en función de la hipoxemia, conseguir ritmo respiratorio < 30x´.
- Adoptar resto de medidas indicadas en preeclampsia grave.
- Tratamiento farmacológico de las convulsiones:
  * 4 gr. de sulfato de Mg iv en no menos de 10´; después p.c. de 1gr./h. durante 24h. (ampollas de 1,5 gr., usar suero glucosalino).
  * Si no ceden las convulsiones, tiopental sódico: 0,2-0,3 gr iv. con posterior adaptación de dosis según respuesta individual.
  * Control toxicidad por sulfato de Mg.
  * Control farmacológico de la TA con los mismos criterios de preeclampsia.

TTO

Fármacos

* Si TAS<160 mmHg y/o TAD<105 mmHg, no es necesario, salvo afectación de órganos diana.
* Si TAS>160 mmHg y/o TAD>105 mmHg (urgencia HTA):
  - Pauta prevención de eclampsia: 4 gr. de sulfato de Mg iv en no menos de 10´; después p.c. de 1gr./h. durante 24h. (ampollas de 1,5 gr., usar suero glucosalino).
  - Nifedipina sublingual: 10 mg./20´ (máximo 3 dosis). Captopril contraindicado por afectación circulación fetal.

  Ó

  - Labetalol iv: 10 mg. bolo lento, doblar dosis/10´ hasta obtener respuesta o máximo de 300 mg. Posteriormente p. c. 1-2 mg/min hasta cifras de TA deseadas, entonces reducir a 0,5 mg/min
  - Nitroprusiato iv: metabolitos tóxicos para el feto, sólo en refractarias o grave compromiso hemodinámica de la madre. Iniciar p. c. a 0,25-0,3 μg/kg/min durante un máximo de 30´.

Añadir un hipotensor a otro, reservar nitroprusiato para refractarios

A-Criterios de ingreso en UCI:
* Eclampsia
* Preeclamsia grave con riesgo alto de eclampsia

B-Criterios de ingreso en planta:
* Preeclampsia leve no conocida
* Preeclampsia leve con signos que sugieran paso a grave
* Preeclamsia leve sin control familiar ni farmacológico en domicilio
* Preeclampsia grave

Traslado a Hospital con UCI Neonatal en caso de gestaciones

Bibliografía

- Protocolos de obstetricia y medicina perinatal del Instituto Dexeus. J.M. Carrera et al. 4ª edición. Editorial Masson.
- Estrategia de atención al parto normal en el Sistema Nacional de Salud. Ministerio de Sanidad y Consumo 2008.
- Protocolo SEGO (www.prosego.com): "Trastornos hipertensivos del embarazo" y "Recomendaciones sobre la asistencia al parto".
- Fundamentos de obstetricia (SEGO). Editores: Bajo Arenas J.M., Melchor Marcos J.C., Mercé L.T. 2007.

Capítulo 14.

SITUACIONES ESPECIALES: HIPOTERMIA, ACCIDENTES POR INMERSIÓN, QUEMADO GRAVE Y LESIONES POR ELECTRICIDAD.

JF Suberviola González, E Fernández de Retana Royo, B Aguiló Anento, E Mir Ramos

HIPOTERMIA

Concepto.

Temperatura corporal central menor de 35ºC. La hipotermia accidental primaria está causada por exposición al frío, en personas previamente sanas. La hipotermia secundaria se produce como complicación de una enfermedad sistémica grave.

Grados:

- Leve: Tª central 35-32ºC

- Moderada: Tª central 31-28ºC

- Grave: Tª central <28ºC

Diagnóstico de sospecha.

- **Diagnóstico de certeza**: medición de Tª central a nivel esofágico y/o rectal.
- **Diagnóstico de sospecha**: medición Tª no central + presencia de cuadro clínico compatible + antecedentes de:
    - exposición a temperaturas extremas y/o
    - factores predisponentes (edades extremas, vagabundos, psiquiátricos, consumo de alcohol y tóxicos) y/o
    - patologías asociadas que favorecen su aparición (hipotiroidismo, desnutrición, insuficiencia neuromuscular, inactividad, etc.)

	Cardio vascular	Respiratorio	Nervioso	Renal	Endocrino	Neuromusc.
Leve	Taquicardia VasoC ↑ GC ↑ TA	Taquipnea Brocorrea Broncoespasmo	Apatía Amnesia Confusión	Diuresis por frío	↑metabolismo basal, CTS, h. tiroideas y suprarrenales Hiperglucemia	Escalofríos ↑tono muscular
Moderada	Bradicardia ↓ GC ↓ TA Arritmias Onda J Osborn	Hipoventilación ↓ consumo O2 Ausencia reflejos vía aérea	Depresión SN Letargia Alucinaciones Hiporreflexia ↓reflejos pupilares	Diuresis por frío	↓ metabolismo basal Hipo ó hiperglucemia	Rigidez Hiporreflexia No escalofríos

Grave	FV (<28ºC) Asistolia (<20ºC)	Edema pulmón Apnea	Coma Pérdida reflejos pupilares y autorregulación cerebrovasc.	Oliguria	↓metabolismo basal	No movimientos Hipertonía Arreflexia

- **Exploraciones complementarias:**
  - Hiperglucemia (más frecuente) por ↑ actividad simpática y defecto insulina o hipoglucemia.
  - Acidosis metabólica o alcalosis respiratoria.
  - Arritmias de cualquier tipo.
  - Características ECG:
    - Prolongación RR, PR, QRS y QT.
    - Onda J de Osborn: elevación del punto J con el ST no elevado; su altura se correlaciona con el grado de la hipotermia. Mejor en precordiales.

Manejo y tratamiento:

1) **Paciente en situación de PCR.**
   - RCP prolongada, hasta alcanzar Tª de 32-35ºC.
   - La FV se trata con protocolo habitual; si no revierte tras los 3 primeros choques, continuar con el recalentamiento. Usar fármacos indicados en el protocolo de FV, con la salvedad de que si no existe respuesta inicial, debemos esperar hasta alcanzar una Tª de 30ºC para repetir.

2) **Medidas generales.**
   - Valoración inicial ABCD, inmovilización cervical y monitorización.
   - Trasladar al paciente a un lugar templado, quitar las prendas húmedas y taparlo. No calentar una parte congelada si existe riesgo de recongelación.
   - Evitar maniobras que pueden desencadenar FV: movimientos bruscos o excesivos (IOT, catéteres, sondajes,...), fluctuaciones bruscas de Tª, pH ó pCO2.
   - Asegurar vía aérea permeable: IOT precoz si disminución nivel conciencia y/o alteración reflejos protectores de la vía aérea.
   - O2 suplementario.
   - Acceso venoso con suero glucosalino; si hipotensión, aporte de volumen y suero fisiológico (contraindicado Ringer por disfunción hepática). Si no existe respuesta, perfusión de dopamina a dosis 2-5 µg/kg/min.
   - Sondaje vesical (control diuresis) y nasogástrico (prevenir dilatación secundaria al íleo).
   - Glucosa 33% si hipoglucemia marcada.
   - Antídotos específicos (naloxona, flumazenilo) si sospecha etiológica.
   - Iniciar medidas de recalentamiento pasivo o activo:

- Pasivo: abrigar al paciente y situarlo en ambiente cálido.
- Activo:
  - Externo: mantas generadoras de aire caliente (primero en tronco y luego en extremidades); pueden disminuir paradójicamente la Tª central, provocar hipotensión y arritmias al inicio.
  - Interno: técnicas invasivas de recalentamiento central.
    - Hemodinámicamente estables: O_2 a 45ºC, sueroterapia a 37-40ºC y bebidas calientes si nivel de conciencia adecuado.
    - Hemodinámicamente inestables: añadir a los anteriores lavado nasogástrico y vesical con soluciones calientes.
- Las arritmias suelen ceder con el recalentamiento; tratar sólo si son sintomáticas.

Derivación y traslado.

Proceder al traslado en UME con preaviso hospitalario a hospital de tercer nivel (recalentamiento activo interno con circulación extracorpórea), según criterios:

A-Criterios de ingreso en UCI:

- Pacientes con enfermedad de base.
- Pacientes con alteraciones fisiológicas.
- Tª central < 32ºC.

B-Criterios de ingreso en planta:

- En hipotermia leve (Tª central 32-35ºC) y sin enfermedades médicas predisponentes.

ALGORITMO HIPOTERMIA

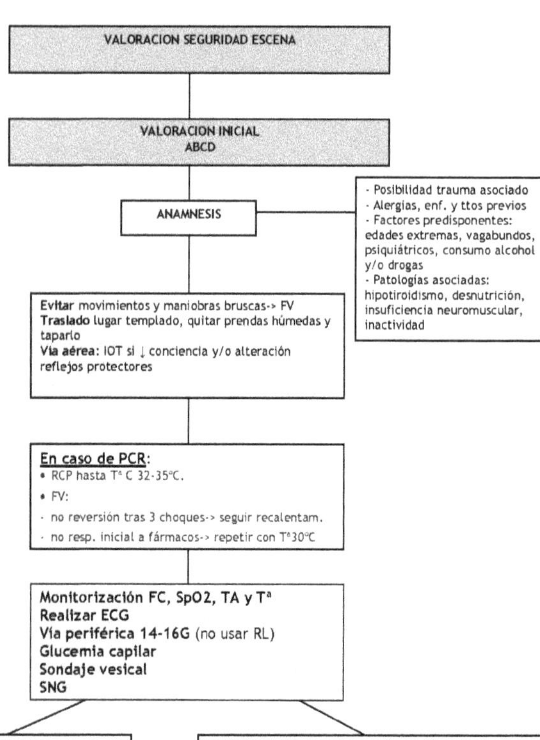

- O2 suplementario
- Si hipotensión, SF y/o coloides y/o inotropos
- Si hipoglucemia, glucosa 33%
- Si sospecha etiológica, naloxona y/o flumazenilo

RECALENTAMIENTO:

- Pasivo: abrigar al paciente y situarlo en ambiente cálido.
- Activo:
  - Externo: mantas generadoras de aire caliente (primero tronco y luego extremidades para evitar disminuir paradójicamente la Tª central, provocar hipotensión y arritmias al inicio)
  - Interno: técnicas invasivas de recalentamiento central
    - Hemod. estables: O2 a 45°C, sueroterapia a 37-40°C y bebidas calientes si nivel de conciencia adecuado
    - Hemod. inestables: añadir a previos lavado nasogástrico y vesical con soluciones calientes

CRITERIOS INGRESO

- Planta: hipotermia leve (Tª C 32-35°C) y sin enfermedades médicas predisponentes
- UCI:
  - Pacientes con enfermedad de base.
  - Pacientes con alteraciones fisiológicas.
  - Tª C < 32°C

ACCIDENTES POR INMERSION

Concepto.

- **Ahogamiento:** muerte por asfixia por inmersión en medio líquido (inmediata o en las primeras 24 horas).
- **Semiahogamiento:** supervivencia de al menos 24 horas.
- **Hidrocución / síndrome de inmersión:** muerte súbita por arritmias por mecanismos vagales, tras inmersión en agua fría.

  * **Tipos de ahogamiento:**

  a) Húmedo: por agua dulce o salada.

  b) Seco: por laringoespasmo (habitual niños).

Diagnóstico de sospecha.

Hipoxemia-Hipotermia-Acidosis

- Parada cardiorrespiratoria.
- Obstrucción bronquial por aspiración de materia sólida.
- Insuficiencia respiratoria: taquipnea, dificultad respiratoria, diversidad ruidos a la auscultación. Hipoxemia y/o hipercapnia (ambas corregibles con VM).
- Alteración del nivel de conciencia en todos sus grados. Habituales las convulsiones iniciales durante la reanimación (hipoxia cerebral).
- Hipotermia.
- Traumatismo craneoencefálico y/o medular.
- Traumatismo torácico y/o abdominal.
- Cardiovascular:
  - Arritmias supraventriculares.
  - Cambios ECG por hipotermia.
  - Inestabilidad hemodinámica en todas sus variantes.
  - En agua salada: edema pulmonar precoz con paso de líquido a bronquios y alvéolos. Hipovolemia poco habitual.
  - En agua dulce: hipervolemia por paso del agua del alvéolo a circulación.

* **Clasificación del paciente:**

- Grupo I: sin aspiración aparente.
- Grupo II: con aspiración y adecuada ventilación.
- Grupo III: aspiración y ventilación inadecuadas.
- Grupo IV: reanimados tras PCR.

Manejo y tratamiento:

1) Medidas generales iniciales.

- Extraer al paciente del medio acuático con estabilización de columna, hasta descartar lesión de la misma.
- Monitorización (incluyendo temperatura) y soporte vital avanzado si procede:
  - Evitar maniobras para drenar líquido de los pulmones.

- Maniobra de Heimlich sólo si sospecha de obstrucción de vía aérea.
- RCP hasta alcanzar temperatura central de 32-35ºC.
- RCP más prolongada cuanto más joven y, sobre todo, en agua fría.
- Recalentamiento espontáneo si Tª central>32ºC y activo si<32ºC.

- En pacientes inconscientes, protección de vía aérea con IOT inicial.
- Anti-Trendelenburg 30º para prevenir aspiraciones.
- Acceso venoso con glucosa al 5% (agua salada) ó fisiológico isotónico (agua dulce).
- No profilaxis antibiótica.

2) Según el grupo al que pertenece el paciente.

- Grupo I:
  - Administración O_2 a altas concentraciones.
- Grupo II:
  - Administración O_2 con concentraciones que no superen el 50%.
  - Si persiste hipoxemia y/o hipercapnia, CPAP ó IOT+VM.
  - Tratamiento específico de la hipotermia.
  - Reevaluación neurológica (detección de edema cerebral).
- Grupo III:
  - VM con concentraciones O_2 no superiores al 50%; considerar PEEP si mala respuesta.
  - Hipovolemia: pauta habitual con cristaloides, coloides e inotropos si precisa.
  - Sondaje nasogástrico con aspiración continua.
  - Medidas para disminuir la PIC: analgesia y sedorrelajación adecuadas, elevación cabecera de la cama; hiperventilación leve (PCO_2 34-38mmHg) en brotes de aumento de PIC, hiperventilación moderada (PCO_2 30-35mmHg) si focalidad neurológica asociada, coma barbitúrico y bolus de SSH al 7.5% (100cc) en refractarios.
  - Tratamiento estándar del EAP (cardiogénico o no).
  - No están indicados los corticoides.
- Grupo IV:
  - Medidas similares al grupo anterior junto a corrección de hipotermia.

3) CPAP

Criterios de selección:

- Episodio potencialmente reversible.
- Necesidad de asistencia ventilatoria: dificultad respiratoria moderada-severa, alteraciones gasométricas (pCO_2>45 o PaO_2<60 o $satO_2$<90%).
- Excluir pacientes en PCR, inestabilidad hemodinámica, imposibilidad de protección de vía aérea, secrecciones respiratorias excesivas, poco colaborador o agitado, imposibilidad de acoplar mascarilla o cirugía reciente de vías aéreas superiores.

Parámetros: iniciar con valores de 3-5 cm H_2O e incrementar cada 10-30 minutos 2-3 cm H_2O (no sobrepasar niveles de 10 cm H_2O). (Ver Anexo IX).

Objetivos: FiO_2 <0.5 y/o PaO2 60 mmHg o $SatO_2$>90%, frecuencia respiratoria<25x´, mejora de la mecánica respiratoria y de la disnea.

4) IOT+VM.

- Recomendada intubación de secuencia rápida por alto riesgo de broncoaspiración.
- Secuencia: preoxigenación, sedación+presión cricoidea cuando se pierden reflejos protectores de vía aérea, relajación (sin ventilación manual) e IOT+VM.

  Sedación:

  - Con inestabilidad hemodinámica: etomidato
  - Sin inestabilidad hemodinámica: midazolam, propofol; 2ª opción tiopental.
  - Mantenimiento: perfusión de midazolam, propofol; 2ª opción tiopental.

  Relajación: inducción con succinil-colina; mantenimiento con rocuronio en perfusión continua.

  Analgesia: fentanilo, tanto en bolus como en perfusión.

  Parámetros VM:

  - VT de 6 ml/kg ó controlada por presión, para intentar mantener un Ppico<45 cm H_2O ó una Pplateau<35; puede producir una hipercapnia *permisiva* (pH debe ser>7.25).
  - PEEP: incrementos de 3-5 cm H_2O (máx. sin definir) para conseguir $satO_2 \geq 90\%$ con niveles de FiO_2 <50% y Pplateau<35 cm H_2O.
  - Si no conseguimos adecuada $SatO_2$ con PEEP elevadas ó provocan presiones muy elevadas en vía aérea, inversión de relación I/E: 1/1.5 ó 1/1 (no mayores).
  - Otras posibilidades: aumento FiO_2, ventilación de decúbito prono.

Derivación y traslado.

Proceder al traslado en UME con preaviso hospitalario, según criterios:

A- Criterios de ingreso en planta: grupo I.

B- Criterios de ingreso en UCI: grupos II,III y IV.

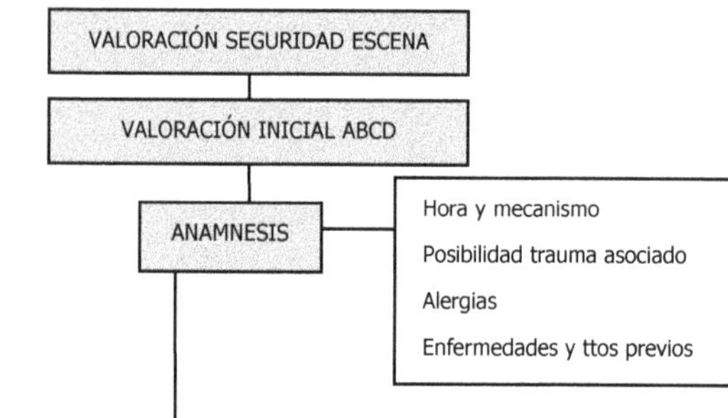

En caso de PCR

Evitar maniobras drenaje pulmonar

Heimlich sólo si sospecha de obstrucción VA

RCP hasta Tª central 32-35º

RCP >tiempo en joven y agua fría

Recalentamiento espontáneo (TªC>32ºC) o activo (<32ºC)

Monitorizar FC, $satO_2$, TA y Tª

Anti-Trendelenburg 30º

Vía periférica 14-16G:

-SG5% si agua salada

-SF isotónico si agua dulce

Grupo I (asp-vent+)

O_2 altas concentraciones

Grupo II (asp+vent+)

O_2 no>50%

Si persiste IRA: CPAP o IOT+VM (PEEP)

Tto hipotermia

Reevaluación SNC (edema cerebral)

Grupo III (asp+vent-)

IOT+VM (PEEP)

O_2 no >50%

Si hipovolemia, coloides, cristaloides e inotropos

SNG asp continua

Tto hipotermia

Control PIC

Tto habitual EAP

Grupo IV (PCR-RCP)

Igual que Grupo III

CRITERIOS INGRESO

Planta: Grupo I **UCI**: II, III y IV

QUEMADO GRAVE.

Concepto.

Lesiones corporales provocadas por agentes físicos externos de origen térmico. La gravedad depende de la cantidad de calor transferida hacia la piel, lo cual depende a su vez de la capacidad térmica del agente, la temperatura, la duración del contacto, el coeficiente de transferencia, el calor específico y la conductividad de los tejidos.

* **Características de las quemaduras.**

- Extensión: el porcentaje de superficie corporal quemada (SCQ) se estima por la "regla de los nueves"; se realiza exclusivamente en quemaduras de 2º y 3º grado.

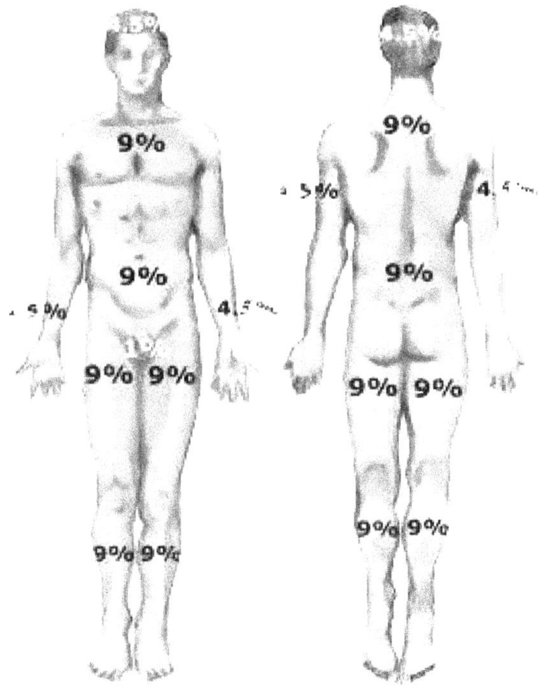

- Profundidad:

	Superficial/ 1 grado	Espesor parcial/ 2 grado	Espesor total/ 3 grado
Causa	Sol o llamarada menor	Líquidos calientes, llamarada	Químicas, eléctricas, llama, metales calientes
Color piel	Roja	Roja moteada	Blanca perlada y/o carbonización, tranlúcida, apariencia apergaminada
Superficie piel	Seca sin ampollas	Ampollas con secrección	Seca con vasos trombosados
Sensibilidad	Dolorosa	Dolorosa	Anestesia
Curación	3-6 días	2-4 semanas según profundidad	Requiere injerto de piel

- Localización: secuelas funcionales y estéticas por afectación de cráneo, cara, cuello, axilas, manos, genitales y pliegues de flexo-extensión.
- Edad: peor pronóstico en edades extremas; regla de Beaux: edad + %SCQ (100% mortalidad muy elevada, >75%mortalidad 50% y <50% buen pronóstico vital).

* **<u>Gravedad de las quemaduras (American Burn Association).</u>**

- ***Leves*:**
  - Parciales con < 15% SCQ en adultos ó del 10% en niños y mayores.
  - Totales con < 2% SCQ, sin riesgo grave de alteraciones estéticas y/o funcionales.
- ***Moderadas*:**
  - Parciales con 15-25% SCQ en adulto ó 10-20 % en niños y mayores.
  - Totales con 2-10% SCQ sin riesgo grave de alteraciones estéticas y/o funcionales en ojos, orejas, cara, manos, pies o perineo.
- ***Graves*:**
  - Parciales con > 25% SCQ en adultos ó del 20% en niños y mayores de 50 años.
  - Totales con > 10% SCQ.
  - Quemaduras en ojos, orejas, cara, manos, pies o perineo y que pueden provocar déficits estéticos y/o funcionales.
  - Agentes químicos caústicos.
  - Eléctricas de alto voltaje.
  - Complicadas con lesiones por inhalación o traumatismos graves.
  - Pacientes de alto riesgo.

Diagnóstico de sospecha.

- **Anamnesis:**
  - Recabar toda la información posible sobre el incidente (agente causal, espacio abierto o cerrado, tiempo transcurrido, posibilidad de traumatismos asociados) y el paciente (alergias, enfermedades y tratamientos actuales).
- **Exploración**:
  - Buscar signos sospechosos de inhalación:
    - En historia de explosión.
    - Lugares cerrados.
    - Pacientes inconscientes.
    - Quemaduras que afectan a la cara.
    - Pestañas y/o fosas nasales quemadas.
    - Depósitos carbonáceos, esputo carbonáceo, inflamación aguda orofaríngea.
    - Disnea, disfonía, sibilancias.

Hasta un 30% de los pacientes con exposición al humo no presentan signos de afectación de vías respiratorias

  - Insuficiencia respiratoria hipoxémica por:
    - Inhalación de aire caliente y humo (fracción inspirada de O_2 baja, intoxicación por CO).
    - Quemaduras en tórax con disminución de distensibilidad.
    - Obstrucción de la vía aérea por edema.
  - Valoración cardiovascular: shock en cualquiera de sus grados. Fase precoz del edema (minutos-1ª hora) relacionada con liberación de histamina y bradicinina y vasodilatación arterial de tejidos quemados; posteriormente y de manera progresiva, shock con bajo gasto inicial pero con H_2O corporal total inalterada.
  - Exploración completa como cualquier paciente politraumatizado encaminada a descartar la presencia de lesiones vitales.

Prioritario identificar lesiones vitales y después valorar el traumatismo térmico

  - Valoración de las quemaduras: determinar extensión, profundidad, edad del paciente y agentes especiales (eléctricos, químicos e intoxicación por CO). No resulta esencial determinar exactamente la profundidad (debido al proceso de progresión de la quemadura) pero sí diferenciar entre superficiales y profundas y la SCQ, para así llevar al paciente al centro sanitario más apropiado.
  - Revisión de pulsos distales, especialmente si quemaduras circunferenciales de espesor total.

Manejo y tratamiento:

- **Valoración de la escena**:
  - Si es insegura tratar de hacerla segura (equipo especializado, bomberos, etc.) sin poner en peligro a los miembros del equipo.
  - Retirar al paciente de la fuente de la quemadura.

Las causas de muerte temprana en quemados son el resultado de traumas adicionales o del compromiso de la vía aérea

- **Inmovilización:** consideración de paciente politraumatizado.
- **Monitorización continua**: TA, FC, FR, ECG, Sat O_2 y ritmo cardíaco.
- **Respiratorio:**
  - Inicialmente administrar O_2 húmedo a altas concentraciones con reservorio.
  - Proceder a IOT si inestabilidad hemodinámica, alteración del nivel de conciencia y/o insuficiencia respiratoria. Se realizará IOT profiláctica precoz si existe compromiso de vía aérea, sobre todo edema orofaríngeo, ronquera o estridor.
    - Características de la IOT:
      - Usar TET con diámetro interno > 7mm (facilita aspiración secrecciones, la fibrobroncoscopia y disminuye los acodamientos).
      - Inducción:

        - Inestabilidad hemodinámica: sedación con etomidato 0,2-0,3 mg/kg; considerar ketamina 1-2 mg/kg por su efecto broncodilatador (contraindicada en TCE). Relajación con rocuronio y cisatracurio como segunda opción.

        - Estabilidad hemodinámica: sedación con midazolam 0,1-0,2 mg/kg o propofol 1-2 mg/kg. Relajación igual que en anterior.
      - Mantenimiento: Perfusión continua de midazolam o propofol como sedantes y de rocuronio o cisatracurio como relajantes.
  - Parámetros iniciales en VM: (objetivo: disminuir presión media en vía aérea)
    - Vt 7-8 ml/kg.
    - Frecuencia respiratoria: 16-20 x´.
    - PEEP inicial de 3-5 cm H_2O.
    - FiO_2 100% para acelerar la eliminación de CO y la hipoxia que éste produce.
    - Considerar las estrategias ventilatorias expuestas en el tema de accidentes por inmersión al tratarse también de un SDRA.
  - Técnicas alternativas para asegurar vía aérea permeable si no es posible la IOT: Fastrach, traqueostomía urgente.
  - Considerar administración de hidroxicobalamina, 5 gr. En infusión rápida, si sospecha de intoxicación por cianuro + PCR, inestabilidad hemodinámica, disminución nivel de conciencia o acidosis metabólica importante (medición de $EtCO_2$). Traslado a centro con capacidad de tratamiento con oxigenoterapia hiperbárica.

Nivel carboxihemoglobina (%)	Sintomas
20	Cefalea pulsátil, disnea con ejercicio
30	Cefalea continua, alteraciones comportamiento, agitación, mareos, disminución agudeza visual
40-50	Confusión, estupor; síncope con ejercicio
60-70	Covulsiones, coma, apnea si exposición prolongada
80	Rápidamente mortal

- Nebulización con agonistas β_2 (mascarilla o por IOT) porque activan sistema mucociliar y facilitan el barrido de secrecciones.
- No están indicados los corticoides.

Hemodinámica:

- Evitar hiperresucitación y reposición de sodio (aumento de edema).
- Vías periféricas gruesas en superficies no quemadas.
- Sueroterapia intravenosa indicada en presencia de shock o %SCQ ≥ 20%.
- Cristaloides: ringer lactato o suero fisiológico sin glucosa según la fórmula de Parkland (4ml/kg/%SCQ intravenoso en las primeras 24 horas, administrando la mitad en las primeras 8 horas).
- Coloides: uso controvertido; se utiliza albúmina al 5% a partir de las primeras 8-12 horas tras la quemadura.
- Control de diuresis: mantener, al menos, 0.5 ml/kg/hora.

Analgesia:

- Dolor inversamente proporcional a la profundidad de la quemadura.
- Analgesia intravenosa con bomba de perfusión (4 ampollas de metamizol+3 ampollas de tramadol+3 ampollas de metoclopramida en 250 ml. suero fisiológico a pasar en 24 h -11 ml/h-) y, en caso necesario, morfina en bolo IV (1 1 mg/2 4 horas) por su rápida depuración por filtrado glomerular y escasa unión a proteínas plasmáticas; alternativas con meperidina y ketamina.
    - Estrategias:
        - Dolor leve: inicio bomba de analgesia; rescate con bolos morfina.
        - Dolor moderado: inicio bolo morfina y continuar con bomba de analgesia; rescate con bolos de morfina.
        - Dolor intenso: inicio bolo morfina y continuar con perfusión morfina (0,1 mg/kg/h); rescate con bolos de morfina.

Titulación estricta de la analgesia para evitar depresión respiratoria por acumulación

- **Sondajes**:
  - Nasogástrico para prevención de íleo paralítico.
  - Vesical para monitorizar diuresis. Las quemaduras en perineo no contraindican el sondaje, sino que previenen la contaminación de la herida con la orina.
- **Prevención de úlceras de estrés** con antiácidos asociados con antagonistas H2.
- **Tratamiento de las quemaduras**:
  - Objetivo: limitar la progresión de la quemadura tanto como sea posible.
  - Retirar ropa quemada y objetos (anillos, relojes, cinturones, etc.) porque retienen calor y pueden producir isquemia (acción de torniquete).
  - Lavado y enfriamiento de las lesiones con agua abundante (1-5ºC) para favorecer retirada de productos tóxicos, detener la progresión de la quemadura y disminuir el dolor. Medida efectiva sólo en los primeros 30 minutos tras las quemaduras. Contraindicado el uso de hielo.

Enfriamiento durante un máximo de 1-2 minutos: evitar hipotermia

  - Posteriormente cubrir al paciente con sábanas secas y limpias (no es necesario que sean estériles) y con mantas.
  - Escarotomías: indicadas en quemaduras profundas en extremidades que producen compromiso vascular; se realizan en zonas mediales y laterales de la extremidad y a lo largo de la escara. Recomendable por personal con experiencia.

Derivación y traslado.

Proceder al traslado en UME con preaviso hospitalario (Unidad de Quemados Hospital Miguel Servet de Zaragoza; teléfono 976355700) según criterios:

A-Criterios de ingreso en UCI:

- Necesidad de intubación y ventilación mecánica.
- Inestabilidad hemodinámica.
- Lesiones importantes por inhalación.
- Politraumatizados.

B-Criterios de ingreso (Unidad de quemados):

- Quemaduras moderadas.
- Quemaduras graves.

ALGORITMO PACIENTE QUEMADO

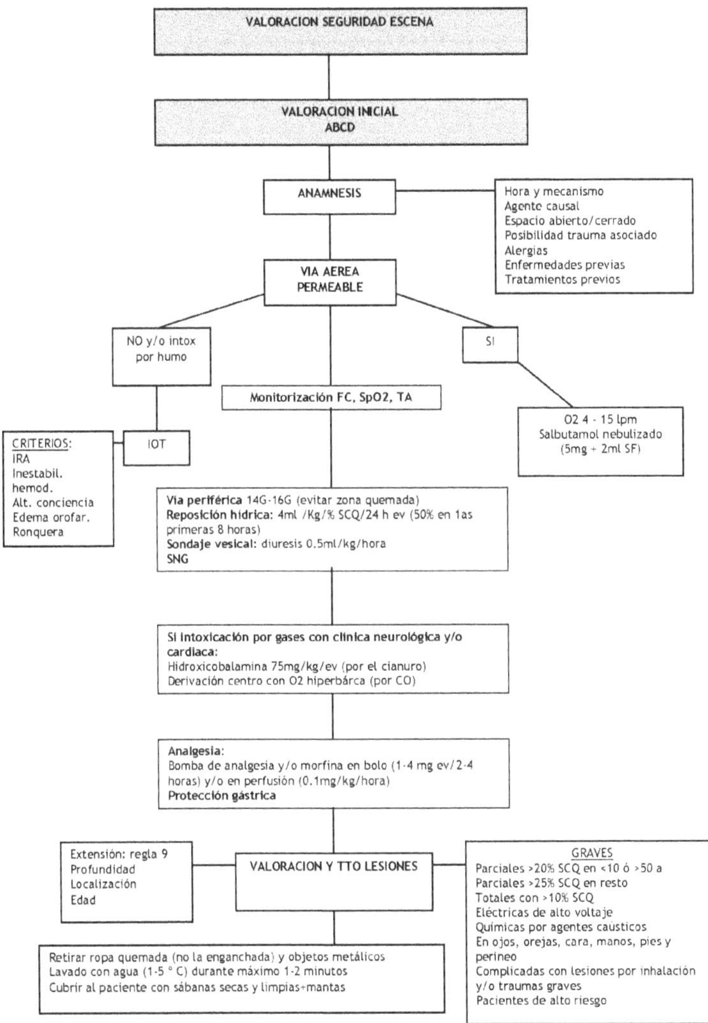

LESIONES POR ELECTRICIDAD

Concepto.

Lesiones ocasionadas por electricidad doméstica e industrial (electrocución) o atmosférica (fulguración). Las lesiones son el resultado de la conversión de energía eléctrica en térmica.

Características de la corriente:

- Alterna o continua: más peligrosa la alterna (doméstica e industrial) por contracción muscular tetánica que prolonga la exposición; continua en fulguración.
- Potencia: de alto (>1000 voltios) o bajo (<1000 voltios) voltaje.
- Intensidad: a partir de 10mA riesgo de contracción tetánica, a partir de 50mA riesgo de fibrilación ventricular, entre 5-10mA riesgo de asistolia.
- Resistencia de los tejidos al paso: a mayor resistencia, mayor conversión en energía térmica y mayor daño.
- Otros factores a valorar: trayecto, área de contacto y duración del mismo.

Diagnóstico de sospecha.

Amplio espectro clínico con frecuente afectación de distintos sistemas.

- **Cardiovascular:**
  - PCR por FV (alterna) o asistolia (continua).
  - Taquicardias ventriculares y supraventriculares. Taquicardia sinusal.
  - Bloqueos de rama, elevación transitoria del ST, prolongación QT, ESV, inversión T.
  - Dolor precordial por afectación subepicárdica.
  - HTA por descarga de catecolaminas endógenas.
  - Hipovolemia.
  - Daño vascular directo a la pared del vaso (espasmo arterial).
  - Trombosis arteriales o venosas.
- **Neurológico:**
  - Muerte súbita por destrucción encefálica e inhibición de centros bulbares.
  - Alteración nivel conciencia en sus distintos grados.
  - Neuropatía periférica.
  - Alteraciones conductuales.
- **Respiratorio:**
  - Paro respiratorio.
  - Edema agudo de pulmón.
  - Contusión pulmonar.
- **Traumatismos:**
  - Fracturas, sobre todo huesos largos (húmero y fémur) y vertebrales por compresión.
  - Luxaciones, sobre todo hombro.
  - Mionecrosis + rabdomiolisis; vigilar aparición síndrome compartimental.
- **Renal y metabolismo:**
  - Insuficiencia renal aguda por depósito de pigmentos y por hipovolemia.
  - Hipocaliemia, hipocalcemia (control ECG) e hiperglucemia.
- **Otras lesiones:**
  - Digestivas (íleo paralítico, perforaciones, hemorragias, necrosis), oculares (quemaduras corneales, cataratas, conjuntivitis), auditivas (sordera en distintos grados, perforación del tímpano).

Manejo y tratamiento:

- Interrumpir la corriente eléctrica si es posible; si es de bajo voltaje, retirar al paciente con medios aislantes en caso de no poder realizar la interrupción. Si es de alto voltaje, no acercarse por la posibilidad de arco eléctrico.
- Movilizar al paciente como politraumatizado.
- Si PCR, aplicar protocolo correspondiente prolongado en el tiempo.
- Valoración ABCD: asegurar vía aérea (valorar IOT si quemaduras faciales o en la propia vía), monitorización ECG lo antes posible y de constantes vitales. Reevaluación neurológica por riesgo de edema cerebral tardío.
- Canalización vía periférica gruesa y tratamiento del shock con fluidos y drogas habituales.
- Buscar quemaduras intentando identificar lesiones de entrada y salida; nos orientará sobre posibles tejidos y órganos dañados.
- Tratamiento y estabilización de fracturas.
- Cubrir quemaduras con gasas estériles secas.
- Sondaje vesical para control de diuresis; mantener diuresis de 1-1,5 ml/kg/h si la orina es colúrica y de 0,5-1 ml/kg/h si no lo es. Debemos:
  - Alcalinizar la orina: añadir bicarbonato sódico a los fluidos IV (44 a 50 mequ por cada litro de solución salina) para hacer soluble la mioglobina.
  - Podemos usar diuréticos de asa o manitol (1 mEq/kg) para forzar más la diuresis.
- Sondaje nasogástrico por riesgo de íleo paralítico.
- Prevención de úlceras y hemorragias digestivas.

Derivación y traslado.

Proceder al traslado en UME a hospital con unidad de quemados (tercer nivel) con preaviso hospitalario, según criterios:

A-Criterios de ingreso en UCI:

- Insuficiencia renal aguda con necesidad de técnicas avanzadas.
- PCR, FV o arritmias.
- Gran quemado.
- TCE grave o politraumatizado.
- Coma o edema cerebral.

B-Criterios de ingreso en planta:

- Lesión eléctrica por corriente de alta tensión (>1000 voltios).
- Lesión eléctrica por corriente de baja tensión y:
  - Sospecha flujo corriente en tronco y/o cabeza.
  - Afectación multisistémica.
  - Quemaduras con criterios de ingreso.
  - Arritmias y alteraciones neurológicas.
  - Enfermedad de base importante.
  - Sospecha de violencia o autolisis.

ALGORITMO LESIONES POR ELECTRICIDAD.

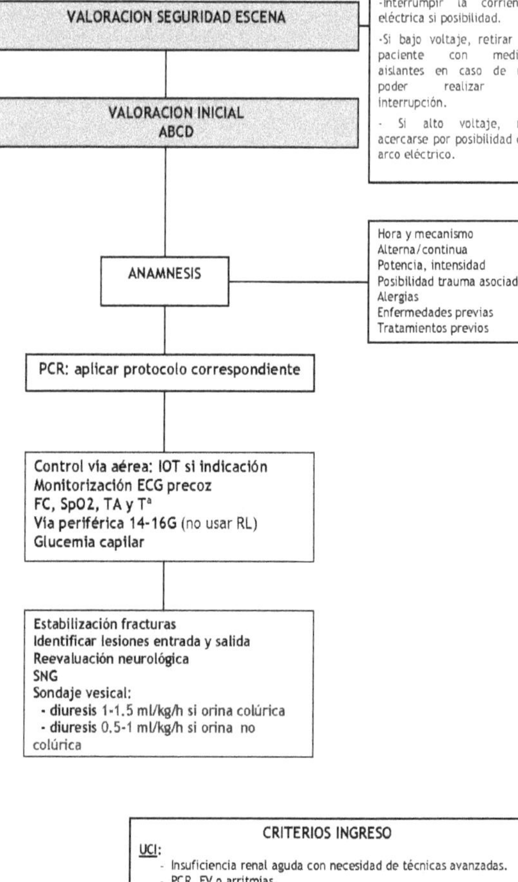

CRITERIOS INGRESO

UCI:

- Insuficiencia renal aguda con necesidad de técnicas avanzadas.
- PCR, FV o arritmias.
- Gran quemado.
- TCE grave o politraumatizado.
- Coma o edema cerebral.

Planta:

- Lesión eléctrica por corriente de alta tensión (>1000 voltios).
- Lesión eléctrica por corriente de baja tensión y:
  - Sospecha flujo corriente en tronco y/o cabeza.
  - Afectación multisistémica.
  - Quemaduras con criterios de ingreso.
  - Arritmias y alteraciones neurológicas.
  - Enfermedad de base importante.
  - Sospecha de violencia o autolisis.

Bibliografía.

- Actualización en el manejo del trauma grave. Ed. Ergon. 2006.
- Curso "Basic Trauma Life Support". 2ª edición en español. 2004.
- Soporte Vital Avanzado en Trauma. Ed. Masson. 2000.
- Manual de Protocolos y actuación en Urgencias para Residentes. Complejo Hospitalario de Toledo. Ed. Pfizer. 2000.
- Manual de ventilación mecánica en medicina intensiva, anestesia y urgencias. 2005.

ANEXO I

GLOSARIO DE ABREVIATURAS

µg	Microgramos
AAS	Ácido Acetil Salicílico
AC	Ambulancia Convencional
ACTP	Angioplastia Coronaria Transluminal Percutánea
ACV	Accidente Cerebro Vascular
AESP	Actividad Eléctrica Sin Pulso
AFT	Áreas Funcionales de Trabajo
AINEs	Antiinflamatorios no esteroideos
AITG	Atención Inicial al Trauma Grave
AITGP	Atención Inicial al Trauma Grave Pediátrico
AV	Auriculoventricular
BAV	Bloqueo Auriculo Ventricular
BPC	Bomba de Perfusión Continua
BRD	Bloqueo de Rama Derecha
BRI	Bloqueo de Rama Izquierda
BZD	Benzodiacepinas
cc	Centímetros cúbicos
CCSUR	Centros, Servicios y Unidades de Referencia
CCU	Centro Coordinador de Urgencias
CI	Cardiopatía Isquémica
CPAP	Presión Positiva Continua en la Vía Aérea

DEM	Disociación Electro Mecánica
DM	Diabetes mellitas
EAP	Edema Agudo de Pulmón
EB	Exceso de Bases
ECG	Electrocardiograma
EEII	Extremidades Inferiores
EESS	Extremidades Superiores
EIC	Espacio Intercostal
EPI	Equipo de Protección Individual
EPOC	Enfermedad Pulmonar Obstructiva Crónica
ESV	Extrasistolia Supraventricular
$EtCO_2$	Presión Parcial de CO_2 final expirada
ETV	Enfermedad Tromboembólica Venosa
FA	Fibrilación Auricular
FAEs	Fármacos Antiepilépticos
FC	Frecuencia Cardíaca
FE	Fracción de Eyección
FiO_2	Fracción Inspiratoria de oxígeno
FR	Frecuencia Respiratoria
FV	Fibrilación Ventricular
g	Gramos
GC	Gasto Cardíaco

GCS	Escala de Coma de Glasgow
Hba	Hemoglobina
HBP	Heparina de Bajo Peso Molecular
HIC	Hipertensión Intracraneal
HNF	Heparina No Fraccionada
HTA	Hipertensión Arterial
Hto	Hematocrito
IAM	Infarto Agudo de Miocardio
IC	Insuficiencia Cardíaca
ICC	Insuficiencia Cardiaca Congestiva
ICP	Intervención Coronaria Percutánea
IECA	Inhibidor de la Enzima Convertidora de Angiotensina
IL	Interleucina
IM	Intramuscular
INT	Intubación Nasotraqueal
IO	Intraósea
IOT	Intubación Orotraqueal
IPPV	Intermittent Positive Pressure Ventilation
IR	Intrarectal
IRA	Insuficiencia Respiratoria Aguda
IT	Intratraqueal
IV	Intravenoso

J	Julios
LF	Latido Fetal
LMET	Lesión Medulo Espinal Traumática
lpm	Litros por minuto
LT	Leucotrienos
mEq	Miliequivalentes
MFyC	Medicina Familiar y Comunitaria
mg	Miligramos
ml	Mililitros
MOC	Maniobras Óculo-Cefálicas
MOV	Maniobras Óculo-Vestibulares
MRCC	Método Rápido de Clasificación en Catástrofes
OCI	Orificio Cervical Interno
$PaCO_2$	Presión arterial de dióxido de carbono
PAF	Factor Activador del Plasminógeno
PAM	Presión Arterial Media
PaO_2	Presión arterial de oxígeno
PCR	Parada Cardio-Respiratoria
PEEP	Presión Positiva al final de la Espiración
PG	Prostaglandinas
PIC	Presión Intracraneal
PMA	Puesto de Mando Avanzado

PS	Presión Inspiratoria
PSA	Puesto Sanitario Avanzado
RCP	Reanimación Cardio Pulmonar
RIVA	Ritmo Idioventricular Acelerado
RN	Recién Nacido
RTS	Revised Trauma Score o Trauma Score Revisado
$SatO_2$	Saturación de Oxígeno
SC	Subcutánea
SCA	Síndrome Coronario Agudo
SCACEST	Síndrome Coronario Agudo con Elevación del ST
SCASEST	Síndrome Coronario Agudo sin Elevación del ST
SCQ	Superficie Corporal Quemada
SEC	Estatus Epiléptico Convulsivo
SENC	Estatus Epiléptico No Convulsivo
SG5%	Suero Glucosado al 5%
SNC	Sistema Nervioso Central
SNG	Sonda Nasogástrica
SSF	Suero Salino Fisiológico
SSH	Suero Salino Hipertónico
SVB	Soporte Vital Básico
TA	Tensión Arterial
Tª	Temperatura

TAC	Tomagrafía Axial Computerizada
TAD	Tensión Arterial Diastólica
TAS	Tensión Arterial Sistólica
TCE	Traumatismo Cráneo Encefálico
TEP	Trombo Embolismo Pulmonar
TET	Tubo Endotraqueal
TRAV	Taquicardia por reentrada auriculoventricular
TRIN	Taquicardia por reentrada intranodal
TRNAV	Taquicardia por reentrada del nodo auriculoventricular
TSV	Taquicardia Supraventricular
TV	Taquicardia Ventricular
TVP	Trombosis Venosa Profunda
TVSP	Taquicardia Ventricular Sin Pulso
UCI	Unidad de Cuidados Intensivos
UCIP	Unidad de Cuidados Intensivos Pediátricos
UME	Unidad Medicalizada de Emergencia
UVI	Unidad de Vigilancia Intensiva
V/Q	Cociente Ventilación / Perfusión
VA	Vía aérea
VC	Volumen Corriente
VD	Ventrículo Derecho
VI	Ventrículo Izquierdo

VM	Ventilación Mecánica
VMNI	Ventilación Mecánica No Invasiva
VO	Vía Oral
Vt	Volumen Tidall

ANEXO II

TELÉFONOS DE INTERÉS

CENTROS DE SALUD	ALCAÑIZ	978 831718
	ALCORISA	978 883071
	ANDORRA	978 842106
	CALACEITE	978 851525
	CALANDA	978 847019
	CANTAVIEJA	964 185204
	CASPE	876 636007
	HIJAR	978 820725
	MAELLA	976 639230
	MAS DE LAS MATAS	978 848945
	MUNIESA	978 810052
	VALDERROBRES	978 890517
HOSPITALES	ALCAÑIZ	978 830100
	CLÍNICO UNIVERSITARIO (ZARAGOZA)	976 765700
	MIGUEL SERVET (ZARAGOZA)	976 765500
	ROYO VILLANOVA (ZARAGOZA)	976 466910
	OBISPO POLANCO (TERUEL)	978 621150
EMERGENCIAS	061 ARAGON	061 976 309100 (CCU)
	CCU	976 309100
	112	112 976 715984

OTROS	POLICIA LOCAL ALCAÑIZ	978 870565
	GUARDIA CIVIL ALCAÑIZ	062 978 831313
	ATESTADOS	976 711400 Ext. 303
	BOMBEROS ALCAÑIZ	080 978 870761
	JUZGADO ALCAÑIZ (FAX)	978 870301
	JUZGADO CASPE (FAX)	976 633102
TOXICOLOGIA		915620420
ATENCION A LA MUJER		016

ANEXO III

TABLAS DE DOSIFICACIÓN DOPAMINA, DOBUTAMINA, ADRENALINA, NORADRENALINA Y NITROPRUSIATO.

Adrenalina (Adrenalina Braun® 1mg/1ml ampolla o jeringa precargada)

Rango de dosis desde 1 µg/min a 10 µg/min. Para la infusión continua, diluir 2 mg en 250 ml de suero fisiológico y prefundir según tabla.

µg/min	1	2	3	4	6	8	10
ml/h	7,5	15	22,5	30	45	60	75

Dopamina (Dopamina FIDES®, 200 mg/10 ml vial).

Dilución **200 mg + 90 ml SF→ 2mg/ml→ 2000 µg/ml**. Dosificación según efecto deseado; subir progresivamente hasta 20 µg/kg/min (dosis máxima).

	5 µg/kg/min	**10 µg/kg/min**	**15 µg/kg/min**	**20 µg/kg/min**
40 kg	6 ml/h	12 ml/h	18 ml/h	24 ml/h
50 kg	8	15	23	30
60 kg	9	18	27	39
70 kg	11	21	32	42
80 kg	12	24	36	48
90 kg	14	27	41	54
100 kg	15	30	45	60

Efectos:

- 0,5-2 µg/kg/min estimula receptores dopaminérgicos renales, y aumentan el flujo sanguíneo cortical renal y la diuresis.
- 5 µg/kg/min (y hasta 10): efecto inotrópico (aumento de las resistencias vasculares periféricas, de la frecuencia cardíaca y de la presión arterial y, en consecuencia, de la demanda miocárdica de oxígeno).
- 10 - 20 µg/kg/min: no tiene efecto dopaminérgico, y actúa sobre receptores alfa y beta. Por encima de 20 sólo actúa sobre receptores alfa.

Dobutamina (ampollas de 20 ml con 250 mg)

Dilución: **250 mg + 230 ml SF→1 mg/ml→1000 µg/ml**; comenzar 5 µg/kg/min y subir progresivamente hasta un máximo de 20 µg/kg/min. Control de la presión arterial ya que puede provocar una hipotensión grave (<80 mmHg) que obligue a suspenderla.

Está indicada en el EAP (en ausencia de hipotensión grave) cuando persista la inestabilidad hemodinámica a pesar de la perfusión de dopamina en dosis máximas.

	5 µg/kg/min	**10 µg/kg/min**	**15 µg/kg/min**	**20 µg/kg/min**
40 kg	12 ml/h	24 ml/h	36 ml/h	48 ml/h
50 kg	15	30	45	60
60 kg	18	36	54	72
70 kg	21	42	63	84
80 kg	24	48	72	96
90 kg	27	54	81	108
100 kg	30	60	90	120

Potente fármaco inotrópico que ocasiona un gran aumento del volumen minuto sin aumento de la frecuencia cardíaca ni del consumo miocárdico de oxígeno, y disminuye también las resistencias vasculares pulmonares. Tiene menor potencial arritmogénico que la dopamina, careciendo de su acción vasodilatadora sobre el territorio vascular renal.

Nitroprusiato Sódico (Nitroprusiat FIDES®, 50 mg + 5 ml disolvente).

Dilución **50 mg + 45 ml SG5%→1mg/ml→1000 µg/ml.** Dosis: 0,5-5 µg/kg/min.

Potente vasodilatador periférico; reduce la presión arterial y las resistencias periféricas, aumenta la capacidad venosa y la precarga. Está indicado en el EAP cardiogénico hipertensivo y en el aneurisma aórtico.

	0'5 µg/kg/min	**1 µg/kg/min**	**2 µg/kg/min**	**3 µg/kg/min**	**4 µg/kg/min**	**5 µg/kg/min**
50 kg	1,5 ml/h	3	6	9	12	15
60 kg	1,8	3,6	7,2	10,8	14,4	18
70 kg	2,1	4,2	8,4	12,6	16,8	21
80 kg	2,4	4,8	9,6	14,4	19,2	24
90 kg	2,7	5,4	10,8	16,2	21,6	27
100 kg	3	6	12	18	24	30

Noradrenalina (Noradrenalina Braun®, ampollas de 10 ml con 10 mg).

Dilución **20 mg en 230 ml de SSF → 40 µg/ml.** Dosis de 0,05 a 0,5 µg/kg/min. En el shock séptico puede llegarse a 1,5 µg/kg/min.

Agonista predominantemente alfa-adrenérgico con potente efecto vasoconstrictor arterial y venoso; efecto inotropo positivo. Puede producir bradicardia por efecto vagal por la hipertensión. Produce vasoconstricción renal por lo que se debe asociar a dopamina a dosis bajas.

Precaución y efectos secundarios: puede producir cefalea, taquicardia, bradicardia refleja, angor, vómitos, sudación, HTA severa, arritmias, insuficiencia renal.

Infundir por vía venosa central. Fotosensible. Incompatible con bicarbonato.

	0'05 µg/kg/min	**0,10**	**0,20**	**0,30**	**0,40**	**0,50**	**0,60**	**0,70**	**0,80**	**0,90**
40 kg	3 ml/h	6	12	18	24	30	36	42	48	54
50 kg	4	7	15	22	30	37	45	52	60	67
60 kg	4	9	18	27	36	45	54	63	72	81
70 kg	5	10	21	32	42	53	63	73	84	94
80 kg	6	12	24	36	48	60	72	84	96	108
90 kg	7	13	27	40	54	67	81	94	108	121
100 kg	7	15	30	45	60	75	90	105	120	135
110 kg	8	16	33	49	66	82	99	115	132	148

ANEXO IV

Perfusión de mantenimiento del paciente intubado y con ventilación mecánica.

Será útil y cómodo manejar una perfusión única para mantener la sedo relajación del paciente intubado y con ventilación mecánica, en la que combinemos aquellos fármacos más indicados según la patología concreta.

Calcularemos la perfusión de forma individualizada, de acuerdo al peso del paciente, con una cantidad variable de fármaco para una determinada dosis y un determinado volumen. Aunque volumen y velocidad de infusión son variables, estas tablas están hechas para un volumen de 100 ml y una velocidad de 100 ml/h. Esto nos permite manejar sueros habituales en nuestro medio y restringir considerablemente los líquidos aportados al paciente durante su tratamiento.

Emplearemos la siguiente fórmula para los cálculos:

μg (mg) + volumen de dilución=peso(kg) x dosis(μg-mg/kg/h) x volumen(ml)/flujo(ml/h)

Ejemplo: se pretende infundir a un paciente de 90 kg una dosis de 0,4 mg/kg/h de midazolam a una velocidad de 100 ml/h en una preparación de 100 ml.

Aplicando la fórmula anterior:

mg + volumen = 90 x 0,4 mg/kg/h x 100 ml / 100 ml/h

mg + volumen = 36 mg → necesitamos 36 mg de midazolam y líquido hasta completar 100 ml

A continuación se detallan los fármacos más utilizados para el mantenimiento de la sedo relajación, con su presentación, sus rangos terapéuticos y la dosis que utilizaremos a modo de estándar para los cálculos posteriores. La tabla siguiente muestra el volumen de fármaco según su presentación.

FÁRMACO	PRESENTACIÓN	RANGO MANTENIMIENTO	DOSIS UTILIZADA
Cl. Mórfico	1 amp=10mg=1ml	0,1-0,4 mg/kg/h	0,4 mg/kg/h
Fentanilo	1 amp=150μg=3ml	3-12 μg/kg/h	5 μg/kg/h
Ketamina	1 amp=500mg=10ml	1-3 mg/kg/h	2 mg/kg/h
Tiopental	1 vial=500mg=10ml	2-4 mg/kg/h	4 mg/kg/h
Midazolam	1 amp=15mg=3ml	0,1-0,4 mg/kg/h	0,4 mg/kg/h
Cisatracurio	1 amp=10mg=5ml	0,2 mg/kg/h	0,2 mg/kg/h
Rocuronio	1 amp=50mg=5ml	8-12 μg/kg/min	0,7 mg/kg/h
Vecuronio	1 vial=10mg=10ml	0,8-1,2 μg/kg/min	60 μg/kg/h

	Cl. Mórfico		Fentanilo		Midazolam		Ketamina		Tiopental		Cisatracu-rio		Rocuronio		Vecuronio	
40 kg	16 mg	1,6 ml	200 µg	4 ml	16 mg	3,2 ml	80 mg	1,6 ml	160 mg	3,2 ml	8 mg	4 ml	28 mg	2,8 ml	2,4 mg	2,4 ml
50 kg	20	2	250	5	20	4	100	2	200	4	10	5	35	3,5	3	3
60 kg	24	2,4	300	6	24	4,8	120	2,4	240	4,8	12	6	42	4,2	3,6	3,6
70 kg	28	2,8	350	7	28	5,6	140	2,8	280	5,6	14	7	49	4,9	4,2	4,2
80 kg	32	3,2	400	8	32	6,4	160	3,2	320	6,4	16	8	56	5,6	4,8	4,8
90 kg	36	3,6	450	9	36	7,2	180	3,6	360	7,2	18	9	63	6,3	5,4	5,4
100 kg	40	4	500	10	40	8	200	4	400	8	20	10	70	7	6	6

Para preparar nuestra perfusión, tan sólo hay que elegir los fármacos, sumar su volumen y restarlo de los 100 ml del suero donde diluirlos.

Ejemplo: necesitamos preparar una perfusión para un paciente de 80 kg con cloruro mórfico, midazolam y cisatracurio.

Así:

	Cl. Mórfico		**Midazolam**		**Cisatracurio**	
80kg	32 mg	3,2 ml	32 mg	6,4 ml	16 mg	8 ml
Volumen de los fármacos	17,6 ml					
Volumen del suero	100 – 17,6 = 82,4 ml					

Y ya tenemos preparada la dilución para infundir a 100 ml/h.

Se puede emplear un volumen de perfusión adecuado a los sueros que usamos habitualmente; así, podemos usar de 250 cc o de 500 cc multiplicando por 2,5 ó 5 las dosis de los fármacos que deseemos emplear. Siempre teniendo en cuenta el balance hídrico a administrar al enfermo.

Perfusión de mantenimiento del NIÑO intubado y con ventilación mecánica.

En los niños seguiremos la misma metodología al preparar la perfusión ideal en el mantenimiento de la sedo-relajación y analgesia. Dada la limitación de los recursos que disponemos en nuestro medio (al contrario que cualquier UCIP), modificaremos las tablas de perfusiones que existen en la literatura al respecto de modo que en vez de utilizar el estándar de 1ml/h, pasaremos a usar el de 10 ml/h, por una mera cuestión matemática y de stock farmacológico en nuestros vehículos.

Para la preparación de nuestra bomba de jeringa, utilizaremos los fármacos indicados para el mantenimiento de la sedo-relajación del niño, sumaremos el volumen que ocupen y después, completaremos con suero hasta los 50 ml. La velocidad de perfusión será de 10 ml/h.

Tendremos en cuenta que si lo requiere la situación clínica o las características físicas del niño, quizá no sea necesario administrar un volumen de líquido de 10 ml/h, por lo que ajustaremos la fórmula para utilizar el estándar de perfusión de 1ml/h.

FÁRMACO	mg a diluir hasta 50 ml	EQUIVALENCIA	RANGO	DOSIS UTILIZADA
Cloruro Mórfico	Kg x 0,15	10 ml/h = 30µg/kg/h	10-50 µg/kg/h	30 µg/kg/h
Fentanilo	Kg x 20*	10 ml/h = 4µg/kg/h	2-5 µg/kg/h	4 µg/kg/h
Ketamina	solución sin diluir	0,1 ml/kg/h = 1mg/kg/h	0,25-2 mg/kg/h	1 mg/kg/h
Midazolam	Kg x 0,5	10 ml/h = 0,1 mg/kg/h	0,05-0,2 mg/kg/h	0,1 mg/kg/h
Cisatracurio	Kg x 1	10 ml/h = 0,2 mg/kg/h	0,1-0,2 mg/kg/h	0,2 mg/kg/h
Vecuronio	Kg x 5	10 ml/h = 1 mg/kg/h	0,05-1 mg/kg/h	1 mg/kg/h

*el resultado son **µg** de fentanilo

ANEXO V

Parámetros en ventilación mecánica en el adulto.

- Convencionales:
  - FR: 12-20 rpm
  - Vt: 5-10 ml/kg
  - FiO_2: 1 (100%) inicialmente
  - Relación I/E: 1:2, 1:3
  - Presión pico vías aéreas: ideal <30 cm H_2O
  - Volumen minuto: FR x Vt
- Patrón restrictivo (EAP, SDRA, fibrosis...)
  - FR: 16-22 rpm
  - Vt: 5-8 ml/kg
  - FiO_2: 100%
  - Relación I/E: 1:1, 1:2
- Patrón obstructivo (EPOC, asma, enfisema...)
  - Fr: 10-12 rpm
  - Vt: 5-8 ml/kg
  - FiO_2: 100%
  - Relación I/E: 1:3, 1:4

Considerar en todas las FiO_2 el PEEP (5-10 cm de H_2O) si $SatO_2$<90% y FiO_2 1

SECUENCIA RÁPIDA DE INTUBACIÓN EN ADULTOS:

1. Planificación y preparación (< 10 minutos)
2. Preinducción
   a. Preoxigenación (< 5 min)
   b. Considerar premedicación (< 3 min)
3. Fase de apnea (1 min)
   a. Inducción (hipnosis y parálisis simultáneas): 0 min
   b. Posición del paciente y presión cricoidea: 20 seg
   c. Laringoscopia: 45 – 60 seg
   d. Paso del tubo: < 1 min
4. Comprobación de la posición del tubo

Anexo VI

FÁRMACOS PARA LA INTUBACIÓN EN NIÑOS.

Fármaco	Indicación	Dosis (mg/kg)	Tiempo inicio (min)	Duración (min)	Efectos 2º
Atropina	Ausencia de contraindicación	0,01-0,02 Mín 0,1 mg Máx 1mg	0,5	30 – 90	↑ FC Midriasis
Midazolam	Hipovolemia Hipotensión Fallo cardíaco	0,1 -0,3	<2	20 – 30	↓ TA a dosis altas Náuseas, vómitos
Propofol	Broncoespasmo Status epiléptico	2 – 3	0,5	5 – 10	Apnea ↓ TA, FC
Etomidato	Inestabilidad hemodinámica	0,3	<1	5	Supresión adrenal Mioclonías
Tiopental	Inducción rápida Status epiléptico HIC	3 – 5	0,5	5 – 10	↓ TA, GC
Ketamina	Inducción rápida Hipotensión Broncoespasmo	1 – 2	0,5	5 – 10	↑ TA, FC ↑ secreciones
Fentanilo	Fallo cardíaco	3 – 5 μg/kg	3 – 5	30 – 60	↓ TA, FC Tórax rígido Vómitos
Lidocaína	HIC	1	3 – 5	10 – 15	↓ TA Arritmias Convulsiones
Succinil colina	Inducción rápida Vía aérea difícil	1 – 2	0,5	4 – 6	Hiperpotasemia Hipertermia maligna Fasciculaciones

Fármaco	Indicación	Dosis (mg/kg)	Tiempo inicio (min)	Duración (min)	Efectos 2º
Rocuronio	Inducción rápida	1	<1	30 – 40	↑ FC Libera histamina
Vecuronio **Cisatracurio**	Inducción clásica Insuf renal o hepática	0,1– 0,3 0,1	1 – 2 2	30 – 60 30	No altera FC No libera histamina No altera FC

SECUENCIA RÁPIDA DE INTUBACIÓN EN NIÑOS:

1. Atropina 0,01 – 0,02 mg/kg
2. Hipnótico, asociado o no con analgésico (fentanilo 2 μg/kg)
3. Relajante muscular

Hipnóticos:

- Tiopental 3 – 5 mg/kg
- Midazolam 0,3 mg/kg
- Propofol 1 – 2 mg/kg
- Etomidato 0,3 mg/kg

Relajantes musculares

- Succinilcolina 1 mg/kg
- Si hiperpotasemia, politraumatizado, gran quemado, lesión del globo ocular, HIC, déficit de colinesterasa, lesión medular, atrofia espinal, miopatías congénitas o encamamiento prolongado, usar como alternativa uno de los siguientes:
    - Rocuronio 1 mg/kg
    - Vecuronio 0,1 mg/kg
    - Cisatracurio 0,1 mg/kg

PARÁMETROS INICIALES DE VENTILACIÓN MECÁNICA EN NIÑOS.

Modalidad	Neonatos: presión o mixtas Lactantes y niños: volumen, presión o mixtas
Frecuencia respiratoria	Neonatos: 40 – 60 rpm Lactantes: 30 – 40 rpm Niños: 15 – 30 rpm
Volumen corriente (modalidades de volumen y mixtas)	Niños: 7 – 10 ml/kg Neonatos: 4 – 6 ml/kg
Pico inspiratorio (modalidades de presión)	Niños: 20 – 25 cm H_2O según la patología Neonatos: 15 – 20 cm H_2O Prematuros: 12 – 15 cm H_2O
Tiempo Inspiratorio (según edad)	Neonatos: 0,3 – 0,5 segundos Lactantes: 0,5 – 0,8 segundos Niños: 0,8 – 1,5 segundos
Relación I:E	Generalmente 1:2 Volumen: TI 25% Tpausa 10% Presión y mixtas: TI 33%
Flujo Inspiratorio (según edad y patología)	Neonatos: 5 – 8 l/min Lactantes: 10 – 12 l/min Niños pequeños: 12 – 20 l/min Niños mayores: 20 – 40 l/min
Pendiente de rampa Retardo inspiratorio	0,02 – 0,4 seg 5 – 10%
Sensibilidad espiratoria	5 – 70%
FiO_2	100% ó 10 – 20% de la FiO_2 preintubación
PEEP	3 – 5 cm H_2O
Sensibilidad	Presión: -1 a -2 cm H_2O Flujo 1 – 3 l/min
Alarma y límite de presión	35 – 40 cm H_2O ó 10 cm H_2O por encima del alcanzado
Alarmas de frecuencia respiratoria, volumen minuto y/o volumen corriente	20% por encima y debajo del volumen y frecuencia respiratoria programadas o deseadas

ANEXO VII
CLASES DE RECOMENDACIONES Y NIVELES DE EVIDENCIA.

Clases de recomendaciones

Clase I	Evidencia y/o acuerdo general de que un determinado tratamiento o procedimiento es beneficioso, útil y efectivo
Clase II	Evidencia conflictiva y/o divergencia de opinión sobre la utilidad o eficacia de un determinado tratamiento o procedimiento
Clase IIa	El peso de la evidencia o la opinión está a favor de su utilidad o eficacia
Clase IIb	La utilidad o eficacia está peor establecida por la evidencia o la opinión
Clase III	Evidencia o acuerdo general de que un determinado tratamiento o procedimiento no es útil o efectivo y en algunos casos puede ser perjudicial

Niveles de evidencia

Nivel de evidencia A	Datos procedentes de múltiples estudios clínicos aleatorizados o metaanálisis
Nivel de evidencia B	Datos procedentes de un único estudio clínico aleatorizado o de grandes estudios no aleatorizados
Nivel de evidencia C	Consenso de opinión de expertos y/o estudios pequeños, estudios retrospectivos y registros

RECURSOS PARA PDA Y EN LA WEB.

- Escala de GRACE para la estratificación de riesgo en el paciente con SCASEST. Web gratuita con calculadora online y aplicación para PDA. http://www.outcomes-umassmed.org/grace/acs_risk/acs_risk_content.html
- Página web del Servicio de Toxicología Clínica de la Sociedad Española de Toxicología. Consulta y descarga de protocolos (2005) para el manejo del paciente intoxicado. http://wzar.unizar.es/stc/index.htm
- Intranet del Servicio de Toxicología del HCU de Zaragoza. Descarga gratuita de los protocolos de actuación de nuestro hospital de referencia en materia de intoxicaciones. Responsable: Dra. Ferrer. http://10.35.208.119 → Area Asistencia Especializada → Servicios Médicos → Sº Toxicología Clínica → Diagnóstico y tratamiento del intoxicado.
- Página web de Medical Wizards (USA). Recursos para PDA en cuidados intensivos, anestesia, medicina de familia, pediatría... Software en inglés y de pago pero que permite descargas de versiones de evaluación. www.medicalwizards.com
- Página web para la descarga gratuita de software para PDA de aplicaciones médicas en emergencias y en medicina de familia. En inglés. www.statcoder.com
- http://www.fisterra.com/material/pdas/todoPDA.asp Índice de software y aplicaciones para PDA de todo tipo. Gratuitas y de pago.
- http://www.fisterra.com/material/pdas/pdas.asp Libros, aplicaciones y software.
- http://www.pdaexpertos.com/foros/viewtopic.php?t=54643 Índice alfabético de aplicaciones médicas. Frecuentemente actualizado.

ANEXO IX

VENTILACIÓN MECÁNICA NO INVASIVA (VMNI). CPAP DE BOUSSIGNAC.

El uso de presión positiva continua en la vía aérea (CPAP) se recomienda en el tratamiento de la insuficiencia respiratoria aguda.

Indicaciones:

- EAP cardiogénico.
- Neumonía, EAP no cardiogénico, SDRA, trauma torácico sin neumotórax, postoperados con fallo respiratorio agudo, intoxicaciones por gases tóxicos (CO) y extubaciones difíciles.
- Enfermo "no intubable": crónicos, pluripatológicos, ancianos y situaciones paliativas.
- Asma agudizado: puede usarse CPAP como vehículo de administración de los broncodilatadores.
- EPOC agudizado.
- Semiahogado.

Paciente tipo: disnea moderada/severa, con tiraje/respiración paradójica abdominal, $SatO_2$<90% y FR>30 rpm

Contraindicaciones:

- Imposibilidad de proteger vía aérea: coma, agitado, PCR...
- Cirugía gastrointestinal o de vía aérea superior reciente, vómitos no controlados, HDA activa.
- Imposibilidad de controlar secreciones; hemoptisis/epistaxis no controlada
- Crisis comicial.
- Imposibilidad de fijar la máscara o interfase.
- Desconocimiento de la técnica.

Protocolo de inicio de la VMNI

- Monitorizar FC, FR, TAS, $SatO_2$, $EtCO_2$ y ECG.
- Posición de Fowler (45º) y aplicar O_2 con mascarilla tipo venturi con una FiO_2 de 0,5.
- Preparar la mascarilla del CPAP.
- Explicar al enfermo la técnica, que sentirá un "chorro de aire" y que es importante su colaboración.
- Colocar protección en el puente nasal del enfermo (apósitos, gasas vaselinizadas...)

- Acercar la mascarilla y sujetarla con la mano, sin presión (el enfermo puede colaborar haciéndolo él mismo). De esta forma se comienza la ventilación pero sin fijar la mascarilla definitivamente.
- En caso de **IRA hipoxémica** iniciar con niveles mínimos de presión (5 cm H_2O) que tras 2-5 minutos de adaptación iremos aumentando progresivamente de 2 en 2 cm H_2O hasta alcanzar el valor que consiga mejorar la FR y disminuir el trabajo respiratorio del enfermo manteniendo una $SatO_2$>90%. Los valores oscilarán entre 7 – 12 cm H_2O, pero según patología pueden superarse los 20.
- En caso de **TAS 90-110** al inicio de la técnica, se deberá corregir (fluidos-inotropos) para conseguir TAS>110 mm Hg.
- En caso de **IRA hipoxémica con hipercapnia**, usaremos una mezcla de oxígeno y aire medicinal con el fin de alcanzar una FiO_2 que permita una $SatO_2$>90% y mejoría clínica.
- Controlar la presión con el manómetro y el grado de fuga perimáscara. La oscilación de la aguja no debe superar 1 cm H_2O con el enfermo bien adaptado.
- Sujetar el arnés sin excesiva tensión.
- Durante la primera hora se controlarán parámetros clínicos, de ventilación y del confort del enfermo.

Complicaciones en VMNI:

- Por la interfase (las más frecuentes): disconfort, lesiones en puente nasal, claustrofobia.
- Por la presión/flujo usado (poco frecuentes): sequedad mucosas, congestión nasal, sinusitis, distensión gástrica.
- Intolerancia a la VMNI: asincronía enfermo-ventilador.
- Mayores (muy poco frecuentes. 5%): neumonía por aspiración, hipotensión, retraso en la IOT, desaturación y PCR en el fallo hipoxémico, neumotórax, barotrauma, fugas.

- Manual de Cuidados Intensivos Pediátricos. 3ª Edición. 2009. Jesús López-Herce Cid, Cristina Calvo Rey, Arístides Baltodano Agüero, Corsino Rey Galán, Antonio Rodríguez Núñez y Manuel José Lorente Acosta.
- ABC de Anestesiología, Medicina Crítica y Emergencias. R. Fuentes, MC Sebastianes, J Morales y LM Torres. 2006.
- Actualización en el manejo del Trauma Grave. A Quesada Suescun y JM Rabanal Llevot. 2006.
- Manual de manejo de CPAP de Boussignac du Vygon para el tratamiento de la insuficiencia respiratoria aguda. JM Carratalá, A Albert.

FÁRMACOS MÁS USADOS EN LA IOT URGENTE.

<table>
<tr><th>FARMACO</th><th>BOLUS (mg/kg)</th><th>Bomba de Perfusión Continua</th><th>MTMTO.</th></tr>
<tr><td>Fentanilo</td><td>0,7 – 3 µg/kg</td><td>3-12 µg/kg/hora</td><td></td></tr>
<tr><td>Cl. Mórfico</td><td>0,05 – 0,15</td><td>0,1 – 0,4 mg/kg/hora</td><td></td></tr>
<tr><td>Midazolam</td><td>0,1 – 0,4</td><td>0,1 – 0,4 mg/kg/hora
Preparación: 75 mg en 100 SF
<table>
<tr><td></td><td>70</td><td>80</td><td>90</td><td>100 kg</td></tr>
<tr><td>0,1 mg/kg</td><td>11</td><td>12</td><td>14</td><td>15</td></tr>
<tr><td>0,2 mg/kg</td><td>22</td><td>25</td><td>28</td><td>31</td></tr>
<tr><td>0,3 mg/kg</td><td>32</td><td>37</td><td>42</td><td>46</td></tr>
<tr><td>0,4 mg/kg</td><td>43</td><td>49</td><td>55</td><td>62 ml/h</td></tr>
</table></td><td></td></tr>
<tr><td>Etomidato</td><td>0,2 – 0,4</td><td>NO</td><td>NO</td></tr>
<tr><td>Cisatracurio</td><td>0,15 – 0,2</td><td>0,2 mg/kg/hora
Preparación: 40 mg en 100 SF
<table>
<tr><td></td><td>70 kg</td><td>80</td><td>90</td><td>100</td></tr>
<tr><td>0,2 mg/kg</td><td>32</td><td>36</td><td>41</td><td>45 ml/h</td></tr>
</table></td><td>0,03 mg/kg/20-30 min</td></tr>
<tr><td>Vecuronio</td><td>0,1</td><td>0,8-1,2 µg/kg/min
Preparación: 20 mg en 100 SF
<table>
<tr><td></td><td>70 kg</td><td>80</td><td>90</td><td>100</td></tr>
<tr><td>0,8 µg/kg/min</td><td>17ml/h</td><td>19</td><td>22</td><td>24</td></tr>
<tr><td>1</td><td>21</td><td>24</td><td>27</td><td>30</td></tr>
<tr><td>1,2</td><td>25</td><td>29</td><td>32</td><td>36</td></tr>
</table></td><td>0,03 mg /kg/40 min</td></tr>
<tr><td>Rocuronio</td><td>0,6 – 0,9</td><td>8 - 12 µg/kg/min
Preparación: 100 mg en 100 SF
<table>
<tr><td></td><td>70kg</td><td>80</td><td>90</td><td>100</td></tr>
<tr><td>8 µg/kg/min</td><td>34ml/h</td><td>38</td><td>43</td><td>48</td></tr>
<tr><td>10</td><td>42</td><td>48</td><td>54</td><td>60</td></tr>
<tr><td>12</td><td>50</td><td>58</td><td>65</td><td>72</td></tr>
</table></td><td>0,15 mg/kg/20-30 min</td></tr>
</table>

www.ingramcontent.com/pod-product-compliance
Ingram Content Group UK Ltd.
Pitfield, Milton Keynes, MK11 3LW, UK
UKHW021642190726
13853UKWH00001B/1

9 788469 269824